Wolfgang Baumgart · Europas Geier

Sammlung Vogelkunde im AULA-Verlag

Bereits erschienen

Der Turmfalke
Renate Kostrzewa/Achim Kostrzewa

Der Buchfink
Hans-Heiner Bergmann

Die Schleiereule
Thomas Brandt/Christian Seebaß

Der Waldrapp
Karin Pegoraro

Der Hausrotschwanz
Armin Landmann

Das Braunkehlchen
Anita und Hans-Valentin Bastian

Der Kiebitz
Gerhard Kooiker/Claudia Verena Buckow

Das Blaukehlchen
Dieter Franz

Die Alken des Nordatlantiks
Renate Kostrzewa

Die Elster
Gerhard Kooiker/Claudia Verena Buckow

Das Rotkehlchen
Bodo Grajetzky

Die Wasserpieper
Christiane Böhm

Weitere Titel in Planung und Vorbereitung:

Brandente, Gänsesäger, Goldhähnchen, Kuckuck, Orpheus- und Gelbspötter, Pirol, Rot- und Schwarzmilan, Sperlinge, Wachtelkönig, Wasseramsel.

Die Reihe wird fortgesetzt

Europas Geier

Mit 38 s/w- und
17 Farbabbildungen

Flugriesen im Aufwind

AULA-Verlag Wiebelsheim

Dr. Wolfgang Baumgart
Grumbkowstr. 2a
13156 Berlin

Die Deutsche Bibliothek — CIP-Einheitsaufnahme

Baumgart, Wolfgang:
Europas Geier : Flugriesen im Aufwind / Wolfgang Baumgart. – Wiebelsheim : Aula-Verl., 2001
(Sammlung Vogelkunde im Aula-Verlag)
ISBN 3-89104-641-3

Fotos: C. Bagnolini, O. Bahat, W. Baumgart, B. Flury, A. Gamauf, F. Genero, J. Güthert/ P. Fallgatter, J. Hennersdorf, J. Heuret, A. Limbrunner, M. Pforr, R. Pop, J. J. Sanches, W. Suetens, E. Tewes
Zeichnungen: Nikolai Kraneis
Umschlag: Klaus Neumann, Umschlagsfoto: N. Kraneis (Mönchsgeier)
Lektorat und Satz: B. Thiesmeier (Laurenti-Verlagsservice)
Druck und Verarbeitung: Druckhaus Köthen
Printed in Germany/Imprimé en Allemagne

ISBN 3-89104-641-3

Gewidmet dem Gedenken an
WOLFGANG FISCHER (24.12.1920–15.4.1982),
Autor der weltweit ersten Geier-Monographie.

Inhalt

Vorwort

Geier wurden als Vertreter der europäischen Avifauna lange Zeit nur als exotische Randelemente wahrgenommem. Auf die südlicheren Zonen unseres Kontinentes beschränkt, unterlagen sie — zumeist lange bevor sich Wissenschaftler ernsthaft mit ihnen befassen konnten — dezimierenden Nachstellungen durch Jäger und Sammler, wurden Opfer ökonomischer Entwicklungen und zunehmend perfektionierter Hygienepraktiken in der Gesellschaft, insbesondere im Gesundheitswesen und der Nahrungsmittelherstellung. Verflogen sie sich einmal in unsere Breiten, erweckte das Aufsehen. Hinweise auf hier einst erfolgte Bruten trugen mehr zur Mythenbildung bei, bedingten aber kaum weiterführende Forschungsansätze.

Das Aussterben des Bartgeiers um die Jahrhundertwende in den Alpen stellte sich für den Ablauf dieser Prozesse exemplarisch dar. Erste eingehendere wissenschaftliche Abhandlungen — meist einzelne Arten betreffend — hatten daher vornehmlich Abenteuer- oder gar Nachrufcharakter. Sie verherrlichten den Bartgeier, rühmten den imposanten Mönchsgeier oder rechtfertigten — oft nur halbherzig unter Hinweis auf ihre wichtige Rolle im Haushalt der Natur — die eher „unappetitliche" Lebensweise von Gänse- und Schmutzgeier.

Eine ausschließlich den Geiern gewidmete Monographie erschien erst im Jahre 1963. Ihr Autor WOLFGANG FISCHER, ein renomierter Tiergärtner, betrachtete in dieser nicht nur Morphologie und Systematik, sondern auch Lebensweise und Verhalten der gefiederten Aasfresser in vergleichender Form und setzte damit neue Maßstäbe. Dies gab der Geierforschung ungeahnten Auftrieb. Das seither zusammengetragene Wissen ist teilweise kaum noch überschaubar, ja fast erdrückend, fordert zunehmend über die statistische Bearbeitung hinaus auch eine logische Durchdringung und Neuordnung.

Denn nicht nur ihre Biologie erregte Aufsehen und zeigte für die Altweltgeier trotz enger Verwandtschaft mit den Greifvögeln funktionell ein hohes Maß an Eigenständigkeit. Auch ihre Evolution und Systematik offenbarten grundlegend neue Aspekte und zugleich, wie leichtfertig man bisher mit den Geiern eine „Fressgemeinschaft" in den Rang einer systematischen Einheit erhoben hatte. Die Ähnlichkeit zwischen Alt- und Neuweltgeiern erwies sich dagegen lediglich als Folge einer bemerkenswerten konvergenten Entwicklung.

Fortschritte in Haltung und Zucht von Geiern schufen in den letzten Jahren die Voraussetzung für anspruchsvolle Schutz- und Wiederansiedlungsvorhaben. Dazu gehören die erneute Einbürgerung des Bartgeiers in den Alpen (1997 erste erfolgreiche Brut), des Gänsegeiers in den Cevennen und die Mönchsgeierprojekte sowohl in den Cevennen als auch auf Mallorca. Dadurch in Aufwind geraten, rückten die Flugriesen bisweilen sogar in den Brennpunkt des Medieninteresses.

In Europa weist das Leben von Geiern im unmittelbaren Umfeld einer hoch entwickelten Zivilisation bemerkenswerte, hochgradig anthropogen beeinflusste Züge auf, deren Studium grundlegenden Erkenntniszuwachs verspricht. Die Beschränkung auf die hier heimischen vier von weltweit 22 Arten ist dabei nur vordergründig einengend. Denn durch ihre modellhafte Anschaulichkeit lassen sich an ihnen alle Charakteristika der Geier demonstrieren. Dies ermöglicht in hohem Maße auch Verallgemeinerungen über die Region hinaus.

Danksagung

Den nachfolgenden Darstellungen liegen nunmehr rund 40 Jahre zurückreichende eigene Erfahrungen mit Geiern in und außerhalb Europas zugrunde und viele einstige Weggefährten, die meine Ansichten und Auffassungen wesentlich mit prägten wie W. FISCHER (Berlin) und Dr. S. D. SIMEONOW (Sofia) weilen nicht mehr unter uns. Über die Weltarbeitsgruppe für Greifvögel und Eulen, insbesondere aber ihren langjährigen Vorsitzenden Dr. B.-U. MEYBURG (Berlin) kam es zu persönlichen Kontakten mit Geierspezialisten in aller Welt, darunter Dr. D. E. HOUSTON (Glasgow), Dr. P. J. MUNDY (Simbabwe), Dr. G. H. VERDOORN (Südafrika) und Dr. M. P. WALLACE (Los Angeles), die mir aktuellen Einblick in teilweise unveröffentlichte Ergebnisse auf ihren Arbeitsgebieten zur Verfügung stellten.

Enge Verbindungen zu den maßgeblichen europäischen Geierprojekten konnten über Dr. H. FREY (Wien) und Dr. E. TEWES (Mallorca) hergestellt werden, die mich zugleich in aufopferungsvoller Weise mit einer Fülle internen Materials und Abbildungsvorlagen bedachten. Renommierte Tierfotografen wie A. LIMBRUNNER (Dachau), M. PFORR (Langenpreising) und Dr. W. SUETENS (Hever/Brabant) steuerten einmalige Bilddokumente bei. Belegaufnahmen und Illustrationen stellten mir O. BAHAT, B. FLURY, A. GAMAUF, F. GENERO, J. HENNERSDORF, R. POP, J. J. SANCHES und R. ZINK zur Verfügung. NIKOLAI KRANEIS oblag es als Illustrator viele meiner Vorstellungen in konkrete Abbildungsvorlagen umzusetzen. Ihnen sowie vielen hier leider ungenannt bleibenden Gewährsleuten und Bildautoren danke ich für ihre wertvollen Beiträge zum Gelingen dieses Bandes, der auch durch das Entgegenkommen und eine Vielzahl wohlgemeinter kritischer Anregungen von Lektorat (Dr. I. MEIßL und Dr. B. THIESMEIER) und Gutachter (Prof. Dr. H.-H. BERGMANN) profitiert hat.

1 Unser Bild von Geiern

Unsere Vorstellungen von Geiern sind in vielen Punkten unpräzise und wandelten sich auch wiederholt, was eine zwiespältige Einstellung ihnen gegenüber zur Folge hat. Vieles bedarf noch der Klärung, verspricht aber über diese Artengruppe hinaus, vor allem auf ökofunktionellen Gebiet einen erheblichen Wissenszuwachs.

1. 1 Mensch und Geier – in Europa ein ambivalentes Verhältnis

Geier — im Fluge faszinierend majestätisch — sind auf Grund ihrer Lebensweise meist keine Sympathieträger. In einigen Religionen und Hochkulturen gelten sie als Mittler zwischen Leben und Tod, glaubte man doch, dass sich die Verstorbenen im Leib dieser riesigen Vögel hinauf zu neuem Leben aufschwingen (SCHÜZ & KÖNIG 1973, FISCHER 1974, GATTIKER & GATTIKER 1989). Bereits im Alten Ägypten hatten zwei auch in Europa heimische Arten einen besonderen Rang. Die Gänsegeiergöttin Nechbet war Titulargöttin von Oberägypten. Der Schmutzgeier wurde zum Sinnbild der Mutter- und Elternliebe. Beide finden sich im Hieroglyphen-Alphabet (Abb. 1.1) (BONNET 1952, GARDINER 1957, JONS 1968, WINTER & WINTER 1995).

Als Totenvögel und Leichenbestatter spielten Geier im Altertum nicht nur im Orient (in den Riten der Parsen) oder in Tibet, sondern einst auch auf der Iberische Halbinsel eine Rolle (HEDIN 1909, SCHÄFER 1938, SCHÜZ & KÖNIG 1973). Ihre Organe wurden in der Volksmedizin und zur Zauberei empfohlen (GATTIKER & GATTIKER 1989). Praktische Verwendung fanden Federn als Schmuck und Schreibgeräte, aus ihren langen Unterarmknochen fertigte man Flöten an (SCHÜZ & KÖNIG 1973).

Abb. 1.1 Ein Gänsegeier aus dem Altägyptischen Hieroglyphen-Alphabet zeigt stilisiert den typischen Habitus der Art (aus WINTER & WINTER 1995).

Bereits in der Antike schenkte man Geiern Beachtung. HOMER (ca. 8. Jh. v. u. Z.) erwähnt sie und ARISTOTELES (384–322 v. u. Z.) beschrieb einige von ihnen sogar in seiner „Physics" (HANDRINOS 1985). Er begründete damit unsere heutige wissenschaftliche Terminologie. Bei Griechen und Römern galten Geier als Weissage- und Auguralvögel (HOPF 1888, KELLER 1913). In den modernen monotheistischen Weltreligionen, wie im Christentum, spielen Geier dagegen keine Rolle und erlangten auch keine Bedeutung als Symbolfiguren (GROSSMAN et al. 1964). In künstlerischen und heraldischen Darstellungen finden sie sich wegen ihres negativen Images selten (FISCHER 1974).

Relativ gering dürften die Bestände der Geier im Altertum gewesen sein. Europa war damals noch stärker bewaldet und insgesamt nur dünn besiedelt. Nahrung boten vor allem Kadaver von Wildtieren. Mit großflächigen Rodungen zur Gewinnung von Acker- und Weideland verbesserten sich im Mittelalter ihre Lebensbedingungen. Haustiere bildeten zunehmend die Ernährungsgrundlage. In dieser Zeit konnten diese Vögel auch die natürlichen Grenzen ihrer Verbreitung erreichen und weit vorgeschoben in Mitteleuropa brüten (s. Kap. 4.1.1 und 4.4.1). Über die Haustierhaltung erwuchsen enge Beziehungen zwischen Menschen und Geiern. Die Landbevölkerung brachte ihrer Hygienefunktion als Kadaver- und Abfallverwerter Verständnis entgegen und schützte sie deshalb auch (HANDRINOS 1985).

Ab der Mitte des 19. Jh. änderte sich die Situation jedoch grundlegend. Gegenüber dem Mittelalter — um 1650 gab es in Europa schätzungsweise nur 100 Mio. Menschen (MEYERS NEUES LEXIKON 1971–1978) — verfünffachte sich die Bevölkerungszahl bis zur Gegenwart. Erhebliche gesellschaftliche und ökonomische Umschichtungen sowie gebietsweise verstärkte menschliche Nachstellungen führten seit etwa 150 Jahren zu einschneidenden Bestandsrückgängen der europäischen Geier. Mitte des 20. Jh. war ein Tiefpunkt erreicht (Kap. 4.4), und es bedurfte umfassender Bemühungen, damit ihre Populationen in den letzten Jahren wieder anstiegen.

In Verbindung mit Schutz- und Managementvorhaben nehmen neuerdings popularisierende Geierdarstellungen, etwa auf Insignien der entsprechenden Organisationen oder Verbände sowie auf Briefmarken zu. Damit erhöht sich auch das Image dieser Vögel. Geier werden so oft zum „Erlebnisfaktor“, was ihre Akzeptanz in der Bevölkerung steigert, sie teilweise sogar in den Mittelpunkt des Medieninteresses einer breiten Öffentlichkeit rückt.

1.2 Die Geier: grundlegende Gemeinsamkeiten – viele Unterschiede

In unseren Vorstellungen, die sich meist am Gänsegeier oder seinen nächsten Verwandten (Vertreter der Gattung *Gyps*) orientieren, sind Geier sehr große massige Vögel mit langem dünnen, oft nur gering befiedertem und am Ansatz von einer Krause umschlossenem Hals. Dieser ermöglicht es ihnen, den recht kleinen Kopf mit seinem kräftigen Reißhakenschnabel ins Innere von Kadavern zu stecken und hier zu fressen. Ihre Resistenz sowohl gegen Krankheitserreger als auch gegen Leichengifte (Ptomaine) ist erstaunlich. Die durch diese Ernährungsweise in uns geweckten unangenehmen Empfindungen werden jedoch durch die majestätische Erscheinung im Fluge oft mehr als ausgeglichen.

Gerade ihre schon rein äußerlich kaum zu übersehende Verwandtschaft mit Greifvögeln erschwert es, Merkmale zu definieren, die sie eindeutig von diesen unterscheiden. Denn auch viele Greifvögel ernähren sich von Aas und einige Geierarten passen sowohl vom Aussehen als auch bezüglich ihrer Lebensweise nicht uneingeschränkt in unser Bild vom „Geier“.

So haben Schmutz- und Bartgeier einen eher greifvogelähnlichen Habitus. Ihre kurzen, nahezu vollständig befiederten Hälse weisen wie die anderer Accipitridae nur 14 Wirbel auf, während es bei „Langhalsgeiern“ 17 sind (CRAMP & SIMMONS 1980). Sie brüten einzeln und ernähren ihre Jungen nicht in Geiermanier aus dem Kropf, sondern bringen das Futter im Schnabel oder auch in den Fängen (Bartgeier) zum Horst. Mönchsgeier unterscheiden sich in ihrem dunklen Gefieders, durch den stärker bedunten Hals und den klobigen Schnabel erheblich von Gänsegeiern. Das mehr einzelgängerische Auftreten von ihnen sowie ihrer geographische Vertreter (Kahlkopf-, Ohren- und Wollkopfgeier) rechtfertigt die Gruppenbezeichnung „Solitär-Geier“.

Die Suche nach Übergängen zwischen Greifvögeln und Geiern hat bisher wenig Klarheit gebracht. Der Bartgeier, einst auch „Geieradler“ genannt, galt lange als Zwischenform, was sich aber molekularbiologisch nicht erhärten ließ. Zu den Seeadlern, als geierähnlichsten unter den Adlern, schien sich über den afrikanischen Palmgeier oder Geierseeadler (*Gypohierax angolensis*) rein äußerlich eine Verbindung abzuzeichnen

(MUNDY et al. 1992). Nach neueren Stammbaumkonstruktionen auf molekularbiologischer Grundlage sind jedoch auch sie lediglich entferntere Verwandte der Geier.

1. 2. 1 Geier und Greifvögel – Grundzüge alternativer Ernährungsweisen

Das Wesen der Geier lässt sich vor allem über funktionelle Ansätze verständlich machen. Dabei kommt der Frage, warum Geier nicht aktiv jagen, eine Schlüsselrolle zu. Sind sie trotz ihrer Größe dazu zu feige, haben sie zum Zugreifen zu schwache Fänge, fehlt es ihnen an der Gewandtheit im Fluge oder lehnen sie als geborene Aasfresser lebende Beute generell ab?

Fest steht, dass Geier kräftig zupacken können. Lebende Beutetiere, die nicht flüchten können, werden auch gefressen (Schildkröten, Großinsekten, Schnecken u. a.). Zu gezielten Attacken auf flüchtige Beutetiere aus der Luft, wie sie viele Greifvögel zeigen, sind Geier aber nicht in der Lage. Dazu ist ihr Flug nicht wendig genug, sind die Flügel zu lang und im Bodenbereich kaum ohne Beschädigung zu gebrauchen (s. Kap. 3.2). Doch sind Geier keineswegs nur die unfähigen Verwandten der Greifvögel.

Dies offenbart sich vor allem bei der Überbrückung von Nahrungsengpässen. Greifvögel steigern dann meist ihre Jagdaktivität und erweitern ihr Beutespektrum. Geiern fehlen hierfür die leistungsmäßigen Voraussetzungen. Es ist eine grundlegende Fehleinschätzung anzunehmen, dass sie in diesen Situationen anfingen, lebende Tiere zu jagen. Ihre Überlebensstrategie basiert auf zwei völlig anders orientierten Ansätzen:

1. Der Einbeziehung möglichst weiter Räume zur Nahrungssuche und
2. ihrer Befähigung, lange hungern zu können.

Zwischen beiden besteht jedoch ein grundlegender Widerspruch. So steigt zwar mit zunehmender Masse und relativ verringertem Grundumsatz das Vermögen zu langdauerndem Hungern. Doch die Masse wirkt sich negativ auf grundlegende Flugeigenschaften aus (ANDERSON & NORBERG 1981, BAUMGART 1997a) und führt trotz aller Sonderanpassungen am Flugapparat (s. Kap. 3.2) vor allem zu einem Verlust an Manövrierfähigkeit. Sogar beim Landen und Auffliegen ergeben sich Probleme, was Geier zu einer übermäßigen, oft als „Feigheit“ missdeuteten Vorsicht zwingt. Mönchs- und Gänsegeier benötigen zum Abheben nach reichlicher Nahrungsaufnahme eine Anlaufstrecke von etwa 20 m.

Obwohl sich hoch kreisende große Greifvögel und Geier recht ähnlich sehen, ist ihre Flugweise — alternativ leistungsoptimiert (s. BAUMGART 1998) — doch grundverschieden. Während Greifvögel im Aktivflug auf Wendigkeit setzen, gleiten Geier ausdauernd und energiesparend meist ohne Flügelschlag. Sie vermögen gegenüber Greifvögeln mit viel geringe-

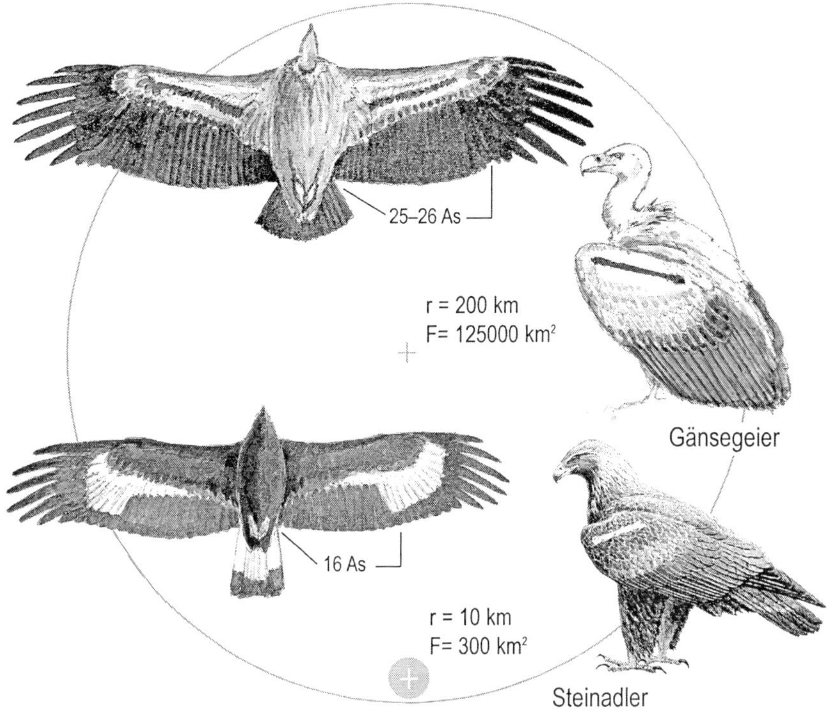

Abb. 1.2: Unterschiede zwischen Geiern und Adlern im Flug. Während Gänsegeier als vorzügliche, jedoch nur wenig manövrierfähige Gleitflieger Räume riesiger Ausdehnung (r = 200 km, F = 125.000 km²) nach Aas absuchen sind die Nahrungsreviere des aktiv jagenden, wesentlich wendigeren Steinadlers viel kleiner (r = 10 km, F = 300 km²). Morphologisch manifestieren sich diese Unterschiede in längeren Unterarmen und einer höheren Zahl an Armschwingen (As) der Geier. Zeichnung: N. KRANEIS.

rem Aufwand, Landflächen riesiger Ausdehnung nach Nahrung abzusuchen (Abb. 1.2), geben dafür aber nahezu jegliche Jagdbefähigung auf. Morphologisch spiegelt sich dies in ihren relativ langen Unterarmknochen und der hohen Armschwingenzahl wider. Die durch diese Ähnlichkeit oft vorgetäuschte Verwandtschaft verwirrte die Systematiker.

Als Ausdruck ihrer ökologischen Trennung unterscheiden sich auch Flugweise und Flugbilder der einzelnen Geierarten in oft höherem Maße

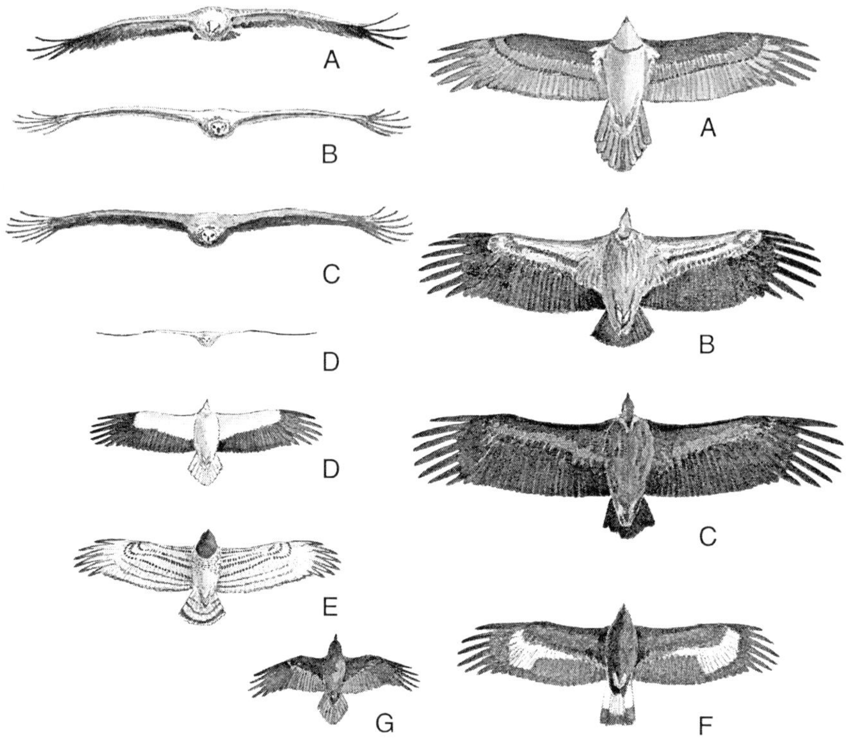

Abb. 1.3: Flugbilder, Flügelhaltung und Größenverhältnisse von Bartgeier (A), Gänsegeier (B), Mönchsgeier (C) und Schmutzgeier (D) jeweils frontal und von unten im Vergleich zu Schlangenadler (E), Steinadler (F) und Kolkraben (G). Zeichnung: N. Kraneis.

als andere Merkmale (Schnäbel, Fänge, Färbung, Zeichnung u. a.). Für die feldornithologische Bestimmung sind sie daher von besonderem Wert (Abb. 1.3) (s. a. Kap. 3.2).

1. 2. 2 Funktionalität und Evolution

Was hat nun die Evolution der Geier ausgelöst, und wie können funktionelle Bezüge zur Lösung dieser Frage beitragen? Kadaver sind ein sehr attraktives Nahrungsangebot. Doch nur, wenn sie regelmäßig und in größerer Menge anfallen, garantieren sie den Unterhalt obligater Aasfresser. Anderenfalls werden sie von potentiellen oder fakultativen Aasverwertern (Mikroorganismen, Wirbellose, Raubsäuger und vielen Vögeln wie Krähen-, Möwen- und Raubvögeln, insbesondere immaturen Adlern) genutzt, deren Unterhalt jedoch meist auch noch auf andere Weise abgesichert ist.

Wird ein minimal erforderliches Aasangebot erreicht, tritt meist nur eine universell agierende Geierart auf. Erst mit wachsender Nahrungsdichte steigt die Artenvielfalt. Wegen vieler Konkurrenten ist die Kadaververwertung immer ein Wettlauf mit der Zeit, was geradezu zwangsläufig die Entwicklung fliegender Aasfresser herbeiführte. Dass die Evolution von Geiern in der Alten und Neuen Welt stets konvergent (und offenbar sogar wiederholt) bei Störchen und großen Greifvögeln ansetzte, ist wohl in deren Präadaptation (beide sind große fleischfressende Vögel mit hervorragendem Gleitflug- und Sehvermögen) begründet (BAUMGART 1993a).

Neuwelt- bzw. Storchengeier (Cathartidae) sind schon im Eozän (vor rund 50 Mio. Jahren) mit dem Auftreten früher Huftiere nachweisbar, gehörten einst auch zu Europas Geiern. Als ab dem Miozän (Beginn vor 25 Mio. Jahren) weite Grasländereien von horntragenden Huftieren in zunehmender Dichte beweidet wurden, kamen Altwelt- bzw. Greifvogelgeier hinzu, die als „technisch besser ausgestattet" in der Alten, nicht aber in der Neuen Welt die Storchengeier verdrängten (GROSSMAN et al. 1964, BROWN & AMADON 1968, MUNDY et al. 1992 u.a). In Amerika überlebten Storchengeier die Greifvogelgeier offenbar deshalb, weil sie als „Universalgeier" mit vielfältigeren Nahrungsquellen und mit einer geringeren Nahrungsdichte auskommen. Einige Arten können zudem mit ihrem entwickelten Geruchssinn selbst im Urwald Aas finden.

Die heutige Vielfalt an Geierarten wird mit zwei grundlegenden Ansätzen zu erklären versucht. Zum einem unterteilt man Geier unter phylogenetischem Aspekt in ursprüngliche und höher entwickelte Arten, die sich in abgestufter Weise an ein Leben als Aasfresser angepasst und dabei eine zunehmende Perfektion erreicht haben. Dabei gelten die noch wesentliche Greifvogelmerkmale zeigenden Arten (wie etwa Bart- und Schmutzgeier) in der Regel als ursprünglich und wenig spezialisiert, reine Verwerter von Großtierkadavern (wie der Gänse- und andere *Gyps*-Geier) als hoch spezialisiert (s. SEIBOLD & HELBIG 1995, WINK et al. 1998). Dieser Ansatz befriedigt aber wenig, weil eine Koexistenz primitiver und hochentwickelter Arten auf Dauer kaum funktionieren dürfte. Zum anderen zeigen gerade die angeblich ursprünglichen Arten verblüffende Sonderleistungen im Nahrungserwerb (s. Kap. 5.7).

Seit molekularbiologische Untersuchungen (SEIBOLD 1994, SEIBOLD & HELBIG 1995, WINK et al. 1998 u. a.) eine einheitliche Abstammung der Altweltgeier unwahrscheinlich machen, entfällt konsequenterweise auch die Vorstellung, es gäbe bei ihnen eine „durchgängige Evolutionslinie" vom

Niederen zum Höheren. Nicht nur Neu- und Altweltgeier, sondern auch letztere sind polyphyletisch. Während eine „Kerngruppe“ (Altweltgeier I), der auch Gänse- und Mönchsgeier angehören, den echten Adlern (*Aquila*) nahesteht, haben sich Schmutz- und Bartgeier (Altweltgeier II) früh vom allgemeinen Greifvogelstamm getrennt, was auch mit ihrer ökofunktionellen Sonderstellung übereinstimmt. Fasste man Altweltgeier in einem höheren Taxon, etwa einer Unterfamilie (Aegypiinae) zusammen, gehörten sie nicht dazu, sondern wären in diesem Fall als eigene Unterfamilie (Gypaetinae) abzutrennen.

Damit gewinnt der zweite Ansatz mehr Gewicht, der die Artenvielfalt der Geier primär als Folge einer unterschiedlich ausgerichteten Spezialisierung im Nahrungserwerb sieht. Fußten solche Erklärungsansätze anfangs vor allem auf ihrem arbeitsteiligen Vorgehen bei der Kadaververwertung (Valverde 1959, Kruuk 1967, Fischer 1974, König 1974, 1976, 1983, Terrasse & Terrasse 1974, Wallace & Temple 1987 u. a.), so berücksichtigt man gegenwärtig zunehmend weitere Aspekte zwischenartlicher Leistungsdifferenzierung (s. Kap. 4 und 5). Denn Geier lassen sich schon allein deshalb nicht vornehmlich nach ihrem Verhalten am Kadaver ökofunktionell einordnen, weil

- die einzelnen Geierarten in der Bevorzugung von bestimmten Kadaverteilen keineswegs immer streng festgelegt sind sowie
- die europäischen Arten mit Ausnahme des Gänsegeiers auch längere Zeit ohne Großtierkadaver auskommen und sie (abgesehen vom Schmutzgeier) Kadaver auch ohne strenges arbeitsteiliges Vorgehen erschließen können.

Allein die Anpassung an Nahrungsquellen mit unterschiedlicher Verteilung dürfte die Ausbildung von zwei Geiertypen induziert haben, die in Europa durch jeweils ein Artenpaar vier ökofunktionelle Positionen besetzen (vgl. Baumgart 2000):

Abfallsammler (Bart- und Schmutzgeier): Als „große“ und „kleine Abfallsammler“ gilt ihr niedriger Suchflug, ohne Kooperation mit Artgenossen, vornehmlich verteilt anfallenden, kleindimensionierten Resten und Abfällen. Da sie ohnehin zur Erschließung intakter Großtierkadaver nur eingeschränkt fähig sind, zeigen sie bei Wahrung ihres Greifvogelhabitus kaum unbefiederte Körperpartien, jedoch auffallende Unterschiede zwischen Jugend- und Alterskleid.

Kadaververwerter (Gänse- und Mönchsgeier): Unter diesen stets langhalsigen, kompakt gebauten und sehr großen Geiern mit der Befähigung zum Erschließen von Kadavern jeglicher Dimension, agieren Gänsegeier („gesellige Kadaververwerter“) bei der Nahrungssuche oft assoziiert. Der Mönchsgeier nutzt als „solitärer Kadaververwerter“ zusätzlich auch kleinere Nahrungsobjekte, wodurch er zum Generalisten tendiert. Beiden fehlen auffällige Unterschiede zwischen Jugend- und Alterskleid.

Tab. 1.1: Merkmalsbezüge bei europäischen Geierarten in Abhängigkeit von ihrer Einordnung als Abfallsammler und Kadaververwerter. Zeichnung: N. KRANEIS.

Artenspektrum	4 Arten			
Ernährungsgrundlage	Kadaver und Tierkörperteile			
Verteilungsmodus	verteilt anfallend (ausreichend für einzelne Individuen)		verballt anfallend (ausreichend für viele Individuen)	
Nahrungsquellen	Tierkörperteile/Abfälle kleiner	groß	Großtierkadaver (& Kleintierkadaver)	
Raumnutzung	territorial		räumlich eingeengt	weiträumig übergreifend
Sozial- und Revierverhalten	ungesellig territorial		solitär hierarchisch	gesellig
Arten	Schmutzgeier	Bartgeier	Mönchsgeier	Gänsegeier

Grundtypen	Abfallsammler		Kadaververwerter	
Nahrungssuchflug	niedrig		mittelhoch	sehr hoch
Flächenbelastung (g/cm² Flügelfläche)	0,60-0,65	0,56-0,80	0,67-0,74	0,75-1,00
Einzugsbereich (in 100km²)	0,5	2-3	5-7	100-150
Brutbiologie	Einzelbrüter an Felsen		halbkolonial Baumbrüter	kolonial Felsbrüter
	1-2 Eier; 1-2 Juv.	1 Juv.	1 Ei; 1 Juv.	
	Altvögel arbeitsteilig ins Brutgeschäft eingebunden; Jungen-Fütterung mit Atzungsbrocken		Altvögel paritätisch ins Brutgeschäft eingebunden; Jungen-Fütterung aus dem Kropf	
Abhängigkeit von Extensiv-Viehhaltung	relativ unabhängig		enge Abhängigkeit	

Die grundlegenden Unterschiede im Nahrungserwerb (s. Kap. 5), die auch im Habitus der Vögel zum Ausdruck kommen, beeinflussen nachgeordnet auch ihr Sozial- und Revierverhalten sowie ihre Brutbiologie. Sie hängen damit zugleich in unterschiedlichem Grade von der extensiven Viehhaltung ab (s. Tab. 1.1).

2 Die europäischen Arten

Der Rahmen dieser auf die Zusammenhänge im Geierleben ausgerichteten Darstellung, schränkt die Möglichkeit zur Wiedergabe von Details ein (z. B. über allgemeine Verbreitung, besondere Kennzeichen, Stimme, Jugendentwicklung und Mauserverlauf). Zum weitergehenden Studium sei daher auf die einschlägigen Handbücher und Monographien verwiesen (GLUTZ VON BLOTZHEIM et al. 1971, FISCHER 1974, CRAMP & SIMMONS 1980, GENSBØL & THIEDE 1997, MUNDY et al. 1992, MEBS 1994, DEL HOYO et al. 1994 u. a.).

Auf unserem Kontinent sind vier Geierarten heimisch. Bei darüber hinaus verzeichneten Arten handelt es sich wohl ausnahmslos um entwichene Gefangenschaftsvögel. Die Artenfolge in den anschließenden Betrachtungen wurde neuen Erkenntnissen der Geiersystematik angepasst (s. Kap. 1.2.2). Sie beginnt mit den beiden „Abfallsammlern" Schmutz- und Bartgeier, denen die „Kadaververwerter" Mönchs- und Gänsegeier folgen.

2.1 Schmutzgeier (*Neophron percnopterus* Savigny, 1809)

Kennzeichen: Länge 60–65 cm, Flügelspanne ca. 150 cm, Masse 1900–2500 g

Im Alterskleid über 4–5-jähriger Vögel besticht der an den Weißstorch erinnernde Kontrast zwischen dem partiell ocker bis grau überhauchten Weiß von Kopf, Körper, Flügeldecken sowie Schwanz und den schwarzbraunen Hand- und Armschwingen. Jugendliche und Vögel im Übergangskleid sind auch im Kopfbereich unauffällig einheitlich dunkelbraun bis zu-

nehmend scheckig. Der lange und dünne, an der Spitze dunkle, danach (wie auch die sich anschließende unbefiedert runzelige Gesicht- und Vorderhalspartie) auffällig gelbe Schnabel von Altvögeln ist ebenso artkennzeichnend wie die aus verlängerten Lanzettfedern bestehende, in Erregung aufrichtbare Nackenhaube. Die Beine sind hell fleischfarben bis gelblich.

Im rasanten Horizontalflug wirken Schmutzgeier mit ihren relativ schmalen, spitzen, im Gleitflug meist nahezu waagerecht gehaltenen Flügeln und dem Keilschwanz geradezu elegant. Ihr Flugbild ist wie das des größeren und relativ langschwänzigeren Bartgeiers seevogelähnlich.

Verbreitung und Lebensraum: Der Schmutzgeier gehört zum indo-afrikanischen Faunentyp (VOOUS 1962). Vom einst mehr oder weniger geschlossenen südeuropäischen lokal bis Mitteleuropa reichenden Brutareal der Nominatform *Neophron p. percnopterus* sind heute nur noch einige inselartige Refugien geblieben. Lediglich auf der Pyrenäen-Halbinsel sowie im Nahen und Mittleren Osten und im nördlichen Afrika ist die Art noch weiter verbreitet. Der lokal recht häufigen indischen Unterart *N. p. ginginianus* fehlt die dunkle Schnabelspitze. (Karten der Gesamtverbreitung aller europäischen Geierarten s. CRAMP & SIMMONS 1980.) Das Vorkommen des Schmutzgeiers im zentralen Westafrika ist unsicher. In Südafrika starb er vor 1930 aus.

In Europa (s. Abb. 4.6) bewohnt der Schmutzgeier überwiegend offene, felsdurchsetzte und im Bodenbereich intensiv sonnenbestrahlte Landschaften in Ebenen und Mittelgebirgslagen (meist unter 1000 m ü. NN). Wo er in seiner Ernährung eng an den Menschen gebunden ist, sind seine Habitatansprüche wenig spezifisch.

Bestand und Bestandsentwicklung: Der Schmutzgeier ist auf lange Sicht wohl der am stärksten bedrohte unter den europäischen Geiern. Im Gegensatz zu den drei großen Arten gibt es für ihn keinen Großraum mit klar positivem Bestandstrend. Da er als Zugvogel einer Vielzahl überregionaler Gefährdungen ausgesetzt ist, versprechen lokale Schutzmaßnahmen meist nur wenig Erfolg.

Brutpopulation (s. Tab. 4.2): Europa 1750–1900 BP, Kaukasien 500–550 BP, Türkei 1000–5000 BP.

Brutbiologie: Der Schmutzgeier duldet als überwiegender Einzelbrüter im erweiterten Horstumfeld keine fremden Artgenossen. Die nachlässig aus Ästen, Wolle, Lumpen u.ä. errichteten Horste finden sich an geschützten Plätzen in Felsen (Abb. 6.2 oben).

Die Bebrütung des meist aus zwei rostfarben gesprenkelten Eiern bestehende Geleges dauert etwa 42 Tage. Ein oder zwei Jungvögel werden nach 70 bis 90-tägiger Nestlingszeit flügge.

Ernährung: Kleintierleichen und Tierkörperteile von weniger als 500 g Masse spielen die maßgebliche Rolle. Selbst Menschen- und Raubtierkot wird nicht verschmäht. Erbeutete Kleintiere (Großinsekten, junge Schildkröten, nestjunge Vögel) fallen wenig ins Gewicht. Greifvogelartige Formen der Jagd sind ihm nicht möglich.

2.2 Bartgeier (*Gypaetus barbatus* Linné, 1758)

Kennzeichen: Länge um 110 cm, Flügelspanne ca. 250–280 cm, Masse 5000–6900 (7100) g

Bartgeier weisen kaum unbefiederte Körperpartien auf und zeigen (wie Schmutzgeier) einen auffälligen Unterschied zwischen dem dunklen Jugend- und dem nach 6–7 Jahren vollständig angelegten, kontrastreichen Alterskleid. Im Übergangskleid ist der Kopf dunkel. Durch Bäder in eisenoxidhaltigem Schlamm färben sie ihre helle Unterseite leuchtend goldgelb bis rostfarben ein (daher die einstige Unterartbezeichnung „*aureus*") (s. Kap. 3.4 und Abb. 3.7). Im klaren Kontrast dazu stehen das Schwarzbraun der Oberseite und die dunkle Unterseite von Flügeln und Schwanz.

An der Kopfbefiederung fallen eine das Auge einrahmende, sich zum Nacken hin gabelnde, dunkle Gefiederpartie sowie der gleichfalls von hier ausgehende Augenstreif auf. Am Ansatz des relativ langen, dunkel hornfarbenen Schnabels steht der aus steifen Borstenfedern gebildete, namengebende Bart. Die Augen haben eine von einem leuchtend roten Ring eingefasste gelbe Iris. Der dunkle Zügelstreifen am Kopf der Nominatform (*G. b. barbatus*) fehlt der ost- und südafrikanischen Unterart (*G. b. meridionalis*). Deren Läufe sind auch nicht bis zum Ansatz der lebhaft blaugrauen Füße befiedert („Nacktfuß-Bartgeier").

Für den roten Augenring und den Bart des Geiers nehmen die Verhaltenswissenschaften eine Signalfunktion zur innerartlichen Kommunikation an. Mit der Rötung des Augenringes drückt sich bei den Geiern Erregung aus. Der den Augenstreifen silhouettenwirksam verlängernde Bart erlangt als Pinsel zur Gefiedereinfärbung offensichtlich eine Zusatzfuntkion.

Mit Anlage des Übergangs- und Alterkleides wandeln sich auch Flugbild und Flugweise (Abb. 3.2). Der dauerhafte Gleitflug mit den meist abgewinkelt gehaltenen Schwingen, die zur Flugbeschleunigung immer wieder kräftig nach unten „durchgezogen“ werden, gleicht am ehesten dem großer Seevögel („Festlandsmöwe“). Wegen des langen Schwanzes und der kurzen Beine nimmt der Bartgeier am Boden eine waagerechte, beim Ruhen auf exponierten Warten dagegen eine auffällig senkrechte Haltung ein.

Verbreitung und Lebensraum: Der Bartgeier ist als Vertreter des paläomontanen Faunentyps (VOOUS 1962) vor allem an die Hochlagen der drei altweltlichen Kontinente gebunden. Dadurch zeigt sein Gesamtareal nicht nur in Europa (s. Abb. 4.7) eine erhebliche Aufsplitterung, die sich durch teilweise gravierende Bestandsverluste noch vertieft hat. Heute bewohnt er (mit Ausnahme einiger Mittelmeerinseln) fast ausschließlich Hochgebirge oberhalb der Baumgrenze oder offene, karstige Mittelgebirgslagen ab 1000 m ü. NN.

Bestand und Bestandsentwicklung: Nach Bestandsverlusten, die fast zu seinem Aussterben geführt hätten, konsolidierten sich die europäischen Restvorkommen in den Pyrenäen während der letzten beiden Jahrzehnte. Die beginnende Wiederbesiedlung der Alpen zeigt, dass dieser mythenbehaftete Vogel selbst in Mitteleuropa überleben kann.

Brutpopulation (s. Tab. 4.2): Europa 110–120 BP, Kaukasien 100–120 BP, Türkei 100–500 BP.

Brutbiologie: Als ausgeprägter „Territorial-Geier“ ist der Bartgeier Einzelbrüter. Er errichtet seine Horste an geschützten Plätzen in Felsmassiven aus Ästen, Fell sowie Knochenteilen und polstert sie gut mit Gras und Wolle aus (Abb. 6.2 unten).

Selbst wenn das Gelege aus zwei (oder gar drei) oft kräftig rostfarben gesprenkelten Eiern besteht und nach 50 bis 58-tägiger Bebrütung (meist am 54. Tag) zwei Junge schlüpfen, wird infolge des Kainismus (s. Kap. 6.6) nur eines von ihnen nach 110 bis 130-tägiger Nestlingszeit ab Ende Juni flügge. Bereits nach etwa zwei Monaten sind junge Bartgeier selbständig, was den Altvögeln den Übergang zu einem neuen Fortpflanzungszyklus und ein alljährliches Brüten ermöglicht.

Ernährung: Bartgeier ernähren sich von Kleintierkadavern und Tierkörperteilen, wobei der Knochenanteil über 70 % ausmachen kann. Schildkröten sind wohl die einzigen regelmäßig lebend erbeuteten Tiere und bildeten die Hauptnahrung der einstigen Mittelgebirgspopulation auf dem Südbalkan. Jagdflüge auf andere Tiere, die wohl eher durch heftigen Anflug in Abgründe gestürzt denn mit den Fängen gepackt werden, gehören wohl, wie auch Angriffe auf Menschen (s. FISCHER 1974, BEZZEL 1985, GATTIKER & GATTIKER 1989), zu den besonderen Ausnahmen. Bartgeier erkennen aber offenbar, wenn potentielle Opfer sich an unsicheren Standorten befinden oder verletzt sind.

Abb. 2.1: Flugbilder der vier europäischen Geierarten. Oben links: Schmutzgeier. Foto: O. BAHAT. Oben rechts: Bartgeier. Foto: J. HEURET. Unten links: Mönchsgeier. Foto: A. LIMBRUNNER. Unten rechts: Gänsegeier. Foto: A. LIMBRUNNER.

2.3 Mönchsgeier *(Aegypius monachus* Savigny, 1809)

Kennzeichen: Länge bis 110 cm, Flügelspanne 250–295 cm, Masse 6900–12500 g

Sowohl sitzend als auch fliegend wirkt der im Gefieder fast einheitlich russbraune Mönchs- oder Kuttengeier stets gewaltig. Altersunterschiede sind erst aus der Nähe erkennbar. Am großen, eckig wirkenden Kopf mit dem klobigen Schnabel und der bläulichen Wachshaut hebt sich bei Altvögeln (durch ihre hier helle Bedunung) die dunkle Gesichtsmaske deutlich ab (Umschlagfoto), die bei jüngeren, dunkler bedunten Vögel kaum auffällt.

Bezeichnend sind auch der weitgehend befiederte Hals, die schwarzbraune Halskrause, blaue Hautpartien seitlich an Kopf und Hals, ein dunkles Brustschild und bis zu zwanzig hellbraune Schmuckfedern im Gabelbeinbereich. Die Füße weisen eine Färbung ins Violette auf.

Die mächtigen, in voller Länge wie beim Seeadler annähernd gleich breiten, in weit gefächerten Handschwingen auslaufenden Flügel werden meist waagerecht bzw. im Gleiten sogar etwas nach unten durchgedrückt gehalten. Der kurze Schwanz läuft leicht keilförmig aus.

Verbreitung und Lebensraum: Der Mönchsgeier zählt zum mongolisch-tibetischen Faunentyp mit Kernpopulationen in Innerasien (VOOUS 1962). Hier markieren die Juli-Isotherme von 22 °C und 50° n. Br. in etwa seine und damit die generelle Nordgrenze der altweltlichen Geierverbreitung. Die europäischen sowie die heute erloschenen, nordafrikanischen Vorkommen bilden nur Randzonen der Artverbreitung, innerhalb der keine eindeutige Unterartengliederung ermittelbar ist.

Der Mönchsgeier tritt zwischen Niederungen und Hochgebirgen bis an den Rand der Baumgrenze auf. Obwohl er ökologisch schwer festzulegen ist, bevorzugt er im Vergleich zum Gänsegeier meist mehr bewaldete Gebiete, bewohnt in Zentralasien jedoch auch baumlose Hochsteppen.

Bestand und Bestandsentwicklung: Im Süden Europas (vor allem in den Anrainerstaaten des Mittelmeeres) war dieser Geier vor gut 100 Jahren noch weit verbreitet (Abb. 4.8). Siedlungsschwerpunkte befanden sich auf der Pyrenäenhalbinsel, dem Balkan (Dobrudscha, Fruska Gora), auf der Krim und einigen großen Mittelmeerinseln. Brutvorkommen reichten bis Mitteleuropa (Slowakei um 1850 und Österreich um 1880).

Gezielte Artenschutz- und Managementvorhaben nach 1980 führten zur Stabilisierung der Vorkommen in Thrakien und auf Mallorca, zu einer beachtlichen Zunahme in Spanien sowie Neuansiedlungen in Südfrankreich und Bulgarien.

Brutpopulation (s. Tab. 4.2): Europa 1000–1150 BP, Kaukasien 160–200 BP, Türkei 100–500 BP.

Brutbiologie: Der Mönchsgeier brütet meist einzeln oder in lockeren Kolonien in mächtigen selbstgebauten Knüppelhorsten auf Bäumen (Abb. 6.4 oben). An der Bebrütung des einzigen Eies über 50 bis 55 Tage und der rund vier Monate dauernden Aufzucht des Jungvogels beteiligen sich beide Eltern zu annähernd gleichen Anteilen. Er wird mit im Kropf zum Horst gebrachter Nahrung geatzt und nach dem Ausfliegen noch mehrere Wochen (TEWES 1996) bis zur Eingliederung in die Population betreut.

Ernährung: Neben Kadavern größerer Haus- und Wildhuftiere können auch die von kleineren Arten (etwa Kaninchen oder Murmeltiere) saisonal die Kontinuität im Nahrungsangebot absichern. Voraussetzung hierfür ist eine gegenüber dem Gänsegeier unterschiedliche Nahrungssuchstrategie (s. Kap. 5.2).

2.4 Gänsegeier (*Gyps fulvus* Hablizl, 1783)

Kennzeichen: Länge bis 95–105 cm, Flügelspanne 240–280 cm, Masse 6000–11000 g

Der Gänse- oder Weißkopfgeier verkörpert in seinem Äußeren selbst für Nichtornithologen den Prototyp des „Geiers". Obwohl er nur unwesentlich kleiner ist als der Mönchsgeier, erscheint er im Habitus anders proportioniert und mehr rumpfbetont. Sein massiger, bräunlich bis lehmfarben befiederter Körper ruht auf weit auseinandergestellten, bräunlichgrau getönten Beinen. Die Gänsegeier Afghanistans, Pakistans und Nordindiens werden vor allem wegen der rötlicheren Tönung ihres Gefieder unterartlich als *G. f. fulvescens* („Zimtgeier") abgetrennt.

Die helle Halskrause bewahrt das Körpergefieder beim Kröpfen an Kadavern vor Verschmutzungen und bietet darüber hinaus dem langen, knapp befiederten Hals eingezogen einen vorzüglichen Kälteschutz. Der Kopf ist verhältnismäßig klein und der am Ansatz dunkle, sonst hornfarbene Schnabel relativ lang, doch kräftig. Junge Vögel haben rostbraune, lanzettförmige, alte weiß-dunige Halskrausefedern. Sie sind ein eindeutiges, wenn auch wenig auffälliges Altersmerkmal.

Am entfalteten Flügel kommt die farbliche Abstufung zwischen der hellen bis weißen Kopf- und Halspartie, der braunen Körper- und Flügeldeckenbefiederung und den braunschwarzen großen Flügel- und Schwanzfedern (die bei kreisenden Vögeln ein fast geschlossenes dunkles Hinterrandsband bilden) voll zur Geltung. Die breiten, in weit gefächerte Handschwingen auslaufenden Flügel buchten sich an ihrem Hinterrand aus. Hieran sowie an der differenzierten Unterseitenfärbung und dem kurzen, abgerundeten Schwanz sind Gänsegeier gut von Mönchsgeiern zu unterscheiden. Die beim Gleiten leicht vorgehaltenen Flügel bilden ein schwaches V.

Verbreitung und Lebensraum: Die Verbreitung erstreckt sich weit über die südwestliche Paläarktis. Die nördlichsten europäischen Brutplätze befanden sich einst in Süddeutschland (bis ins 18. Jh.) und Südpolen (bis 1914) (Abb. 4.9).

Er bewohnt offene, weiträumig unbewaldete Niederungen und Gebirge aller Höhenlagen. Zum Horsten bilden in die Landschaft eingestreute Felsformationen die Voraussetzung.

Bestand und Bestandsentwicklung: Derzeit häufigster europäischer Geier. Vom einst weitgehend geschlossenen südeuropäischen Bestand des Gänsegeiers, haben sich im wesentlichen nur die noch recht intakte Population der Pyrenäen-Halbinsel und eine stark geschrumpfte des Balkans erhalten. Auch im Kaukasus und in der Türkei ist er noch relativ häufig. Engagierte Schutz- und Managementmaßnahmen führten in den letzten beiden Jahrzehnten nicht nur zu einer Stabilisierung der Bestände in Westeuropa, sondern auch zu Neuansiedlungen in Südfrankreich und Bulgarien.

Brutpopulation (s. Tab. 4.2): Europa 11500–12000 BP, Kaukasien 250–300 BP, Türkei 100–1000 BP.

Brutbiologie: Als ausgeprägter Koloniebrüter legt der Gänsegeier seine kleinen flachen Horste an geschützten Plätzen in Felsen an (Abb. 6.4 unten). Das aus einem Ei bestehende Gelege bebrüten beide Eltern im Wechsel über 47 bis 58 Tage. Die Aufzucht des ausschließlich aus dem Kropf ernährten Jungvogels währt 125 bis 130 Tage. Ab Mitte Juli wird er flügge, im September selbständig, was den Altvögeln den Übergang in einen neuen Brutzyklus ermöglicht.

Ernährung: Bei ganzjähriger Weidehaltung anfallende Viehkadaver, weniger Wildkadaver, bilden die Ernährungsgrundlage des Gänsegeiers. Verschiedene andere Nahrungsquellen, über die berichtet wird, spielen meist nur eine geringe Rolle.

3 Körperbau und Funktion: Zusammenhänge in erstaunlicher Vielfalt

Die Altweltgeier haben sich in Ernährungs- und Lebensweise grundlegend von ihren Greifvogelvorfahren abgekoppelt und verkörpern funktionell eine eigenständige Gruppe. Vor allem ihr Flugapparat durchlief dabei eine grundlegende Wandlung. Der Körperbau (Schnäbel, Fänge, Flügel etc.) der einzelnen Arten weist darüber hinaus beachtliche Unterschiede auf. Diese sind Ausdruck einer Erschließung separater Nischen, die nach MAYR (1998) als vieldimensionale Ressourcenräume von Arten definiert, ihre ökologischen Ansprüche widerspiegeln. Eine auffällige „Neuerwerbung" ist der bei einigen Arten lange, wenig befiederte Hals.

3.1 Warum müssen Geier groß sein?

Geier imponieren durch ihre Größe, ohne dass sie dadurch auf andere Tiere bedrohlich wirken. Als Aasfresser völlig von der Mortalität anderer Tierarten abhängig, sind sie stets von Nahrungsengpässen (s. Kap. 1.2.1) bedroht. Dann bleibt ihnen nur sich „durchzuhungern". Dabei erlangt ihre Größe erhebliche überlebensstrategische Bedeutung, sinkt doch mit ihrer Zunahme der spezifische Grundumsatz (kJ/h) (BEZZEL & PRINZINGER 1990, PRINZINGER 1997).

Ihr täglicher Energiebedarf bewegt sich je nach Größe im Ruhezustand bei 650–3500 kJ. In Phasen der Aktivität und bei niedrigen Außentemperaturen steigt er lediglich geringfügig an (BROWN 1971, HOUSTON 1973,

Tab. 3.1: Nahrungs- und Energiebedarf europäischer Geier (nach DONAZAR 1993).

Art Körpermasse		**Ruhe-Metabolismus (kJ/d)**	**Aktiv-Metabolismus (kJ/d)**	**Nahrungsbedarf (g/d)**
Schmutzgeier	30 °C	670	750–960	140–180
(1900–2500 g)	0 °C	990	1100–1415	210–270
Bartgeier	30 °C	1575	1750–2250	330–430
(5000–7000 g)	0 °C	1810	2005–2580	380–495
Mönchsgeier	30 °C	2360	2625–3375	500–645
(7000–12500 g)	0 °C	2400	2670–3430	510–660
Gänsegeier	30 °C	2230	2480–3190	470–610
(6000–11000 g)	0 °C	2300	2560–3290	485–630

1979, HIRALDO 1983, DONAZAR 1993). 100 g Fleisch bieten 440–523 kJ an verwertbarer Energie (BROWN & PLUG 1990, DONAZAR 1993). Je nach Größe schwankt der tägliche Nahrungsbedarf zwischen 150–650 g. 100 g Knochen, seine artgerechte „Spezialnahrung", liefern dem Bartgeier mit 402 kJ fast ebensoviel Energie wie Fleisch (HOUSTON & COPSEY 1994). Während der kleine Schmutzgeier täglich 10,4–12,5 % seiner Körpermasse an Nahrung benötigt, liegen die Angaben für die großen, regelrecht nach einem „Sparprogramm" lebenden Arten deutlich darunter, wurden im Durchschnitt teilweise nur um 5 % ermittelt (s. Tab. 3.1).

Wie lange Geier hungern können, hängt zusätzlich von ihren Fettdepots ab, die bei *Gyps*-Arten unter der Haut und in der Bauchhöhle angelegt bis zu 2 kg (20 % der Körpermasse) erreichen (HOUSTON 1976). Hungern über 4 Wochen ist belegt, 5–6 Wochen werden als möglich angenommen (DEL HOYO et al. 1994). Ein Gänsegeier des Cevennen-Projektes (Kap. 7.3) verendete nach 40 Tagen ohne Nahrungsaufnahme (TERRASSE et al. 1994). Ausgehungerte, nicht selbständig gewordene junge Gänsegeier wogen nach MENDELSSOHN & LESHEM (1983b) weniger als 4000 g.

Ihre Größe wirkt sich für Geier vor allem über eine reduzierte Umsatzrate günstig aus. Doch wenn es mit sinkender Nahrungsdichte auf Mobilität ankommt, ändern sich die Anforderungen. Europäische Mönchsgeier, die nach älteren Angaben bis zu 13000 g wogen, sind heute nach TEWES (1996) viel leichter (juv. 6900 g, ad. 8441 g), was aufwendigere Suchflüge erleichtern dürfte. In Innerasien waren sie (wie Bartgeier) dagegen wohl infolge einer anderen Ernährungssituation seit jeher größer. Hier konserviert halbjährlicher Dauerfrost (bis -50 C°) Großtierkadaver über Monate. Der Aufwand für Suchflüge reduziert sich und eine Größenzunahme bietet dann aus Gründen der Stoffwechseleffektivität und Thermoregulation Vorteile. Bei den *Gyps*-Arten ist dieses Problem dagegen völlig anders gelöst. Gänsegeier werden nach Osten hin kaum klinal größer, jedoch in den Bergregionen Zentralasiens vom gewaltigen Schneegeier (*Gyps himalayensis*) abgelöst.

Die für aktiv jagende Greifvogelarten besonders charakteristischen Größenunterschiede zwischen den Geschlechtern zeigen Geier meist nur andeutungsweise (BAUMGART 1997a). Sofern feststellbar (Weibchen des Bartgeiers sind stets größer als Männchen) erscheint er eher als Rudiment ihrer Greifvogelabstammung. Bei den Neuweltgeiern verhält es sich ähnlich. Sofern solche Unterschiede aber (wie etwa beim Andenkondor) nachweisbar sind, ist — wohl in Analogie zu den Störchen — stets das Männchen größer.

Auch größenmäßige Abstufungen zwischen Geierarten, die prinzipiell ähnliche Nahrungsquellen nutzen sind mit Hinweis auf unterschiedliche Effektivitäten im Grundumsatz interpretierbar. Die große Art nutzt ergiebige Nahrungsquellen im weiten Umfeld, die kleinere weniger ergiebige in der näheren Umgebung. Danach können Schmutz- und Bartgeier als großer und kleiner Abfallsammler (s. Kap. 1.2.2) je nach Nahrungsangebot sympatrisch oder allopatrisch auftreten. In nahrungsreichen Gebieten Afrikas und Südasiens kommen eine große und eine kleine *Gyps*-Art sowie in Teilen Afrikas Ohren- und Wollkopfgeier sympatrisch vor. In der nahrungsärmeren Westpaläarktis besetzt mit Gänse- bzw. Mönchsgeier nur je eine Art die entsprechende Position (BAUMGART 2000).

3.2 Meister im Steig-, Segel- und Gleitflug

Zur effektiven Nahrungssuche müssen vor allem *Gyps*-Arten mühelos aufsteigen, unter Nutzung der Thermik dauerhaft segeln und durch raumgreifendes Abgleiten den „Kontrollbereich“ wechseln können. Dabei ist ihre hohe, ein längeres Hungern begünstigende Körpermasse hinderlich. Geier meistern diese Problematik über einen besonders konstruierten Flugapparat und Abstriche in der Manövrierfähigkeit, „achten“ dabei aber trotzdem streng auf ihre Masse.

Das Skelett wiegt beim Gänsegeier nur etwa 475 g (7 % der Körpermasse) und enthält lediglich 85 g Kalzium. Die im Bedarfsfalle nur eingeschränkt zur Energiegewinnung abbaubare Muskulatur kann zwar 35 % der Körpermasse ausmachen (HOUSTON 1976). Auf die zum aktiven Flug erforderliche Brustmuskulatur entfällt jedoch meist nicht mehr als ein Kilo (etwa 11% der Körpermasse). Bei großen Greifvögeln sind es dagegen um 15,5 % (MUNDY et al. 1992). Ihr Gefieder ist extrem leicht. Alle Federn eines dem Gänsegeier an Größe vergleichbaren Sperbergeiers wogen nur 633 g (9 % der Körpermasse), wovon 241 g auf das Groß- und 392 g auf das Kleingefieder entfielen (BRODKORB 1955). Bei einem Weißkopfseeadler (*Haliaeetus leucocephalus*) waren es 677 g (16,2 % der Körpermasse). Durch diese Anpassungen vermindern große Geier ihre Masse um rund ein Kilo (10–12,5 % der Körpermasse).

3.2.1 Bau und Befiederung der Flügel

Geier bestreiten ihren Auf- und Vortrieb überwiegend passiv gleitend und segelnd aus Luftbewegungen der Atmosphäre (PENNYCUICK 1975). Gegenüber dem aktiven Flug reduziert sich dabei der Energieverbrauch um bis zu 90 % (TEWES 1996). Mit den Flügeln schlagen sie meist nur kurzzeitig beim Auffliegen und Landen sowie zur Korrektur der Flugbahn. Nach gut einer Minute Aktivflug und bis zu 150 Flügelschlägen sind große Geier meist schon völlig erschöpft (MUNDY et al. 1992).

Gyps-Arten mit ihren großflächigen breiten Flügeln profitieren vor allem von aufstrebender Thermik. Der relativ schmalflüglige Bartgeier nutzt im Hochgebirge und auf Inseln gleichermaßen eher starke Horizontalwinde sowie geringe Luftströmungen (Mikrothermik) im Bodenbereich. Dies hat auch Auswirkungen auf die Tagesaktivität der einzelnen Geierarten (s. Kap. 5.3.1).

Bei der Fortbewegung am Boden und während des Kröpfens am Aas sind ihre langen Flügel dagegen hinderlich. Trotz der diastataxischen Lücke* im Flügelgefieder, können nicht alle Geierarten ihre Flügel richtig am Körper anlegen. Mönchs- und Gänsegeier spreizen sie beim Laufen stets ein wenig ab (STEPHAN 1970). Der im Sitzen weit nach vorn reichende Flügelbug betont die Schultern und bedingt ein „militärisches Aussehen" (BROWN 1979). Die Fingerkrallen von Schmutz- und Bartgeier bedürfen noch der funktionellen Deutung (STEPHAN 1992).

Am entfalteten Flügel fallen die weit gefächerten Handschwingen (Hs) auf. Es sind, wie bei allen Accipitridae, stets zehn. Einzeln verstellbar, weisen meist sechs bis sieben von ihnen Einkerbungen an Innen- und Außenfahne auf, die in Verteilung und Ausdehnung vor allem beim Mönchsgeier, weniger beim Gänsegeier, auch individuell variieren. Sie sind — Klappen und Aussparungen an den Tragflächen von Flugzeugen vergleichbar — aerodynamisch äußerst bedeutsam, da sie Auf- und Vorwärtstrieb vermitteln und Turbulenzen reduzieren (BROWN 1979, TEWES 1996).

---

* Findet sich am Flügel der meisten großflügligen Vogelarten; resultiert aus dem Fehlen der 5. Armschwinge. Sie wird funktionell als eine das Zusammenlegen der Flügel erleichternde bzw. erst ermöglichende konvergente Anpassung interpretiert.

Tab. 3.2: Die Armschwingenzahl europäischer Geier.

Schmutzgeier	17–19	Mundy et al. (1992), Baumgart unveröff.
Bartgeier	20–22	Adam & LLopis Del (1994), Busching pers. Mitt.
Mönchsgeier	25	Stephan (1970), Mundy et al. (1992)
	21–24 (juv.) 23–24 (ad.)	Tewes (1996)
Gänsegeier	25	Mundy et al. (1992)
	21–24 (juv.) 24–26 (ad.)	Tewes (1996)

An der langen Elle setzen bei Altweltgeiern bis zu 26 Armschwingen (As) an. Sie vergrößern die Flügelfläche, senken als tragendes Element die Flächenbelastung und erhöhen zugleich die Segel- und Gleitflugbefähigung. Bei den weniger fluggewandten Jungvögeln sind sie meist länger. Allein ihre uneinheitliche Zahl lässt auf wesentliche Unterschiede in der Flugleistung der einzelnen Arten schließen (s. Tab. 3.2). Auch andere hervorragende Gleitflieger, wie etwa Störche, Pelikane oder Albatrosse (*Diomedea* gar bis 37) besitzen viele As (Stephan 1970). Bei großen Greifvögeln ist ihre Zahl dagegen relativ gering (Steinadler und Mäusebussard 16, Seeadler 17) (Cramp & Simmons 1980).

3.2.2 Worauf es beim Schwanz ankommt

Die Zahl der Schwanzfedern — bei Bart- und Mönchsgeier sind es 12, bei Schmutz- und Gänsegeier 14 — ist kein Indiz für Verwandtschaftsbeziehungen. Beim Gänsegeier ist der Schwanz am kürzesten und abgerundet. Bei Mönchs-, Schmutz- und Bartgeier wird er in Folge immer länger und läuft mit wachsender Wendigkeit und Befähigung zum verlangsamten „Bremsflug" zunehmend keilförmig aus. Diese Merkmale erleichtern auch die Artbestimmung fliegender Geier.

So sehr ein langer Schwanz die Manövrierfähigkeit und das Bremsvermögen im Fluge begünstigen, am Boden ist er hinderlich. Den kurzschwänzigen Kadaververwertern fällt zwar das Landen schwer, am Boden sind sie aber (insbesondere die *Gyps*-Arten in ihrer aufrechten Körperhaltung) sehr beweglich, während der langschwänzige Bartgeier hier auf seinen kurzen Beinen unbeholfen wirkt. Doch diese Kurzbeinigkeit bringt andere Vorteile (s. Kap. 3.3). Zur exakten „Punktlandung" befähigt, braucht er meist nicht weit zu laufen. Sein langer, rautenförmig spreizbarer Schwanz wirkt zudem beim langsamen bodennahen Suchflug und im Abgleiten nach einem Knochenabwurf wie ein Bremsfallschirm.

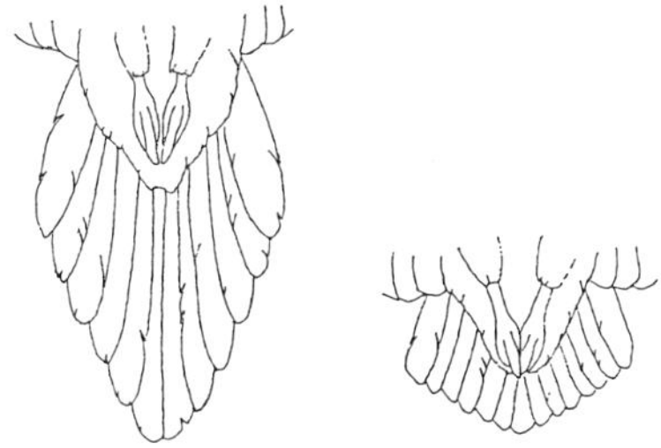

Abb. 3.1: Der Schwanz des Bartgeiers (links mit 12 Schwanzfedern) unterscheidet sich deutlich von dem einer großen *Gyps*-Art (rechts mit 14 Schwanzfedern). Während der langschwänzige Bartgeier im Flug sehr wendig ist, jedoch bei der Fortbewegung am Boden unbeholfen wirkt, ist die Wendigkeit der kurzschwänzigen *Gyps*-Arten im Fluge gering, doch am Boden zeigen sie sich sehr beweglich (aus MUNDY et al. 1992).

3.2.3 Das Flugvermögen der Geier auf dem Prüfstand

Die stets kurzschwänzigen Kadaververwerter haben breite, an den Enden gerundete Flügel. Die der langschwänzigeren Abfallsammler sind relativ schmal und laufen spitz aus. Nur der Gänsegeier stellt beim Kreisen die Flügel deutlich V-förmig über den Körper. Mönchs-, Bart- und Schmutzgeier halten sie eher waagerecht oder im niedrigen, abgebremsten Suchflug nach unten abgewinkelt (Abb. 1.3).

Doch nicht nur zwischen den einzelnen Arten sondern auch zwischen den Altersstufen gibt es subtile Proportionsunterschiede. Junge Gänse- und Mönchsgeier zeigen nach TEWES (1996) eine geringere Flügelspann-

Abb. 3.2: Die Flugbilder von Bartgeiern im Jugend- (oben) und Alterskleid (unten) unterscheiden sich erheblich. Jugendliche Vögel sind viel breitflügliger und ihr Flügelhinterrand wirkt oft gezackt. Dies liegt daran, dass im Alter von 2–3 Jahren neben den kürzeren rundlich endenden Armschwingen des Übergangskleides noch längere, spitz auslaufende des Jugendkleides stehen können (nach PARELLADA 1987 aus BAUMGART & BAUMGART 1995).

weite als Altvögel (257 bzw. 265 mm; 267 bzw. 284 mm) und zur Entlastung der noch schwach entwickelten Flugmuskulatur haben alle jugendlichen Geier auch großflächigere Flügel (DEMENTIEV 1951, BROWN & AMADON 1968, BROWN 1979). So fliegen adulte Bartgeier mit ihrem knappen Flügelschnitt viel eleganter als jugendliche, die diesbezüglich an andere große Geier erinnern (Abb. 3.2).

Die Unterschiede im Flugvermögen einzelner Geierarten und -gruppen lassen sich anhand von Indizes (Flügelflächenbelastung, Schwanz-Flügel-Index und Flügelstreckung), ermittelt aus Relationen zwischen Längenmaßen und Körpermasse, noch präzisieren (s. Tab. 3.3 und 3.4).

Tab. 3.3: Die Flächenbelastung (Verteilung der Körpermasse in g auf die von den entfalteten Flügeln eingenommene Fläche in cm^2) europäischer Geier nach BROWN & AMADON (1968), MUNDY et al. (1992), DONAZAR (1993) und TEWES (1996)

Art		**Körpermasse (g)**	**Flügel-Fläche (cm^2)**	**Flächenbelastung (g/cm^2)**
Schmutzgeier		2000	3200	0,63 (0,60–0,65)
Bartgeier		5500	8200	0,67 (0,56–0,80)
Mönchsgeier	juv.	6900	10300	0,67
	ad.	8340	11300	0,74
Gänsegeier	juv.	7350	10100	0,73
	ad.	9030	9850	0,92

Tab. 3.4: Flügel- und Schwanzmaße sowie Flügel/Schwanz-Index (% der Schwanz- von der Flügellänge) und Flügelstreckung (Quadrat der Flügelspanne geteilt durch die aerodynamisch wirksame Fläche) europäischer Geier (Daten nach GLUTZ VON BLOTZHEIM et al. 1971, MUNDY et al. 1992 und TEWES 1996).

	Flügellänge (mm)	**Schwanzlänge (mm)**	**Flügel/Schwanz-Index (%)**	**Flügelstreckung**
Schmutzgeier	469–545	232–267	48,7	8,9
Bartgeier	740–890	464–580	63,5	9,7
Mönchsgeier	740–834	290–412	juv. 49,6	6,08
			ad. 48,1	7,23
Gänsegeier	684–750	310–395	juv. 48,0	6,56
			ad. 43,3	7,14

Die geringe Flügelflächenbelastung von Bart- und Schmutzgeier erklärt ihre beachtliche Wendigkeit und Unabhängigkeit von der Thermik. Die Kadaververwerter sind als echte Schwergewichte nicht so manövrierfähig und hochgradig thermikabhängig. Dabei erweist sich der Mönchsgeier im Vergleich zum Gänsegeier als weniger „belastet" und im Fluge erstaunlich wendig. Die gegenüber Altvögeln geringere Flügelflächenbelastung ihrer Jungvögel führt TEWES (1996) auf eine größere Flügelfläche (Gänsegeier) und geringere Körpermasse (beide Arten) zurück.

Außereuropäische *Gyps*-Arten und große Neuweltgeier erreichten schon über 1 g/cm² hinausgehende Flächenbelastungen. Stein- und Seeadler (0,64 g/cm² bzw. 0,68 g/cm²) sind mit Abfallsammlern vergleichbar (BROWN & AMADON 1968, BROWN 1979, MUNDY et al. 1992).

Der hohe Flügel/Schwanz-Index des Bartgeiers spricht für seine Manövrierfähigkeit. Die beachtliche Flügelstreckung unterstreicht die seevogelartige Fähigkeit zum schnellen linearen Gleitflug in unterschiedlichen Geschwindigkeitbereichen (30 bis mehr als 100 km/h). Beim Schmutzgeier fallen beide Indizes geringer aus. Seine relative Kurzschwänzigkeit erleichtert ihm die Fortbewegung am Boden.

Die für Kadaververwerter erforderliche hohe Mobilität am Boden zwingt zur Kurzschwänzigkeit (s. Kap. 3.2.2). Der Flügel/Schwanz-Index fällt daher gering aus. Ihre relative Breitflügligkeit, die zugleich die Flügelstreckung senkt, ermöglicht Gänse- und Mönchsgeiern bei hoher Flügelflächenbelastung eine effektive Nutzung der Thermik. Raumgewinn erzielen sie durch nachfolgendes Abgleiten.

Subtile Unterschiede in Flügelbau und Flugvermögen ermöglichen ihnen zugleich verschiedene Strategien in der Raum- und Ressourcennutzung (s. Kap. 5.2). Mönchsgeier sind wendiger (Kreisflugradius 19,1–21,3 m) und können gebremster fliegen (8,2–8,6 m/s), was das Landen erleichtert. Ihre durchschnittliche Gleitfluggeschwindigkeit (12,8–13,4 m/s bzw. 46,1–48,2 km/h) erreicht aber nicht die des Gänsegeiers (13,5–14,6 m/s bzw. 48,6–52,6 km/h). Dessen Kreisflugradius (20,8–26,2 m) ist höher, das Vermögen zum langsamen Flug (8,5–9,6 m/s) geringer (TEWES 1996). Der Fettverbrauch beider je Flugkilometer ist nahezu gleich. Im geringen Aufwind (1 m/s) werden um 0,105–0,122 g/km und im stärkerem Aufwind (6 m/s) um 0,045–0,052 g/km benötigt. Analoge Unterschiede im Flugvermögen bestehen offenbar auch zwischen Schwarz- und Rotmilan (ORTLIEB 1998) als kleine funktionelle Doppelgänger von Mönchs- und Gänsegeier (BAUMGART 2000).

3.3 Beine, Fänge und Schnäbel - überraschende wechselseitige Bezüge

Die verbreitete Meinung, bei Geiern habe sich der „Greif-“ zum „Gehfuß“ gewandelt (FISCHER 1974), vereinfacht unzulässig. Ihre Beine können beide Funktionen ausführen, wenn auch mit wechselseitigem Ausschluss.

Gänse- und Schmutzgeier, haben die Greiffunktion ihrer Füße zugunsten der Gehfunktion nahezu völlig aufgegeben. Mit den flach aufsetzenden „Sohlenflächen“ können sie sogar regelrecht schreiten. Gänsegeier (und andere *Gyps*-Arten) sind so bei Auseinandersetzungen am Kadaver sehr beweglich. Mönchs- und Bartgeier gehen mit ihren funktionsfähigen Greiffüßen weniger gut, können mit ihnen aber kleinere Nahrungsobjekte beim Kröpfen festhalten. Aus dem Bau ihrer kräftigen, jedoch stumpfkralligen Fänge darf nicht auf eine aktive Jagdbefähigung geschlossen werden. Hierfür sind schon die Flügel zu lang (Kap. 1.2.1). Bartgeier transportieren zudem als einzige Geier sowohl Nahrung als auch Nistmaterial in den Fängen. Letzteres tragen alle anderen Geier (auch der Mönchsgeier) ausschließlich im Schnabel.

Abb. 3.3: Geh- und Greiffüße bei Geiern. Der Gänsegeier (oben) hat einen zum Zupacken wenig geeigneten Gehfuß. Dem kräftigen Greiffuß des Bartgeiers (Mitte) ermangelt es jedoch an den zum Töten lebender Beute erforderlichen Krallen, die beim Steinadler (unten) stark ausgebildet sind. Zeichung: N. KRANEIS

Abb. 3.4: Die einzelnen Geierarten gebrauchen ihre Fänge bei der Nahrungsaufnahme unterschiedlich. Während sich Schmutz- und Gänsegeier mit ihren „Gehfüßen“ beim Kröpfen am Aas meist nur abstützen, kann der Bartgeier kräftig zupacken (oben) und der Mönchsgeier (unten) selbst kleine Aasbrocken mit den Fängen fest fixieren, vor allem mit der auch als „Atzklaue“ bezeichneten Innenzehe. Fotos: J. HENNERSDORF.

Ihre unterschiedliche Gehbefähigung spiegelt auch die Tarsuslänge wider. Sie misst beim schlecht gehenden Bartgeier nur 85–102 mm und überlappt sich sogar mit der des erheblich kleineren, doch relativ hochbeinigeren Schmutzgeiers von 78–87 mm. Gänse- und Mönchsgeier weisen mit 100–119 mm bzw. 107–140 mm deutlich längere Tarsi auf (Angaben nach GLUTZ VON BLOTZHEIM et al. 1971).

Abb. 3.5: Die Schnäbel der Geier. Sie veranschaulichen (von oben) grundlegende Unterschiede in ihrer Lebensweise und Nahrungserschließung: kräftiger Reißhakenschnabel des Gänsegeiers (davor die am Rande gezahnte Zunge), massiver Brechschnabel des Mönchsgeiers, Scherenschnabel des Bartgeiers und Pinzettenschnabel des Schmutzgeiers. Zeichnung: N. KRANEIS.

Der Hakenschnabel der Greifvögel hat sich bei Geiern vom Typ her erhalten, unterlag aber unterschiedlichen Ausformungen. Mönchsgeier, die jedes Aas stets von außen her angehen, haben (wie andere Solitär-Geier) einen ungemein kräftigen Brechschnabel, mit dem sie selbst tiefgefrorene Kadaver öffnen und wohl auch Schildkrötenpanzer knacken können. Der Schnabel des Gänsegeiers ist relativ lang und schmal. Sie versuchen stets über Öffnungen der Haut ins Innere von Kadavern vorzudringen und diese unter Einsatz ihrer am Rande raspelartig gezahnten Zunge auszufressen. Sie nehmen sowohl Eingeweide als auch Muskeln, ersparen sich durch dieses Vorgehen das aufwendige großflächige Zerreißen der Außenhaut.

Bartgeier lösen mit ihrem Scherenschnabel Gliedmaßenteile, Rippen und Schädel in ihren Gelenken mühelos von Großtierkadavern ab (FREY & WALTER 1982) und tragen sie im Schnabel oder den Fängen davon. Lange Beine, würden diese kiloschweren Lasten im Fluge weit nach hinten rücken, was flugtechnisch bedenklich wäre. Kurze Beine erscheinen unter diesem Aspekt sehr sinnvoll, da sie offenbar (wie auch der lange Schwanz) einer solchen Schwerpunktverlagerung entgegen wirken.

Der Schmutzgeier richtet mit seinem dünnen Pinzettenschnabel an Großtierkadavern wenig aus. Als Abfall- und Restesammler schlägt er sich auf vielfältige Weise trotzdem erfolgreich durch. Nahrungsbrocken von bis zu 500 g trägt er ausschließlich im Schnabel zum Horst. Durch Einziehen des Halses verlagert er das Transportgut zum Körperschwerpunkt hin. Da er nichts in den Fängen trägt, kann er sich einen komfortablen Gehfuß „leisten". Auch Kadaververwerter halten sich durch Nahrungstransport im Kropf (dem Körperschwerpunkt angenähert) die Beine frei.

3.4 Die Mauser - mehr als nur ein Gefiederwechsel

Wie Greifvögel tragen Geier im Laufe ihres Lebens folgende, durch Mauser wechselnde Federkleider:

- erstes Dunenkleid (beim Schlupf),
- zweites Dunenkleid (während der Nestlingszeit),
- Jugendkleid (erstes vollständiges Federkleid, mit gegenüber dem Übergangs- und Alterskleid meist spitzer auslaufenden Federn),
- Übergangskleid (zwischen Jugend- und Alterskleid eingefügt) und
- Alterskleid (mit Eintritt der Geschlechtsreife angelegt, ändert es sich in Struktur und Färbungsmerkmalen während späterer Mausern kaum noch).

Auch während der Mauser muss die Flugfähigkeit von Geiern erhalten bleiben. Große *Gyps*-Arten können selbst dann noch gut fliegen, wenn ihnen von 84 Federn des Großgefieders 29 (20 Hand-, 50 Armschwingen und 14 Schwanzfedern) fehlen (MUNDY et al. 1992). Die Mauser erfordert beim (gegenüber Gänsegeiern) kleineren Weißrückengeier (*G. africanus*) nach HOUSTON (1975) 4,8 % des Energiebudgets (34540 kJ jährlich bzw. 96 kJ täglich). Gemausert wird daher vornehmlich in Perioden günstigen Nahrungsangebotes und stabiler Wetterverhältnisse, selbst wenn dies zu einer Doppelbelastung mit dem aus gleichen Gründen zeitgleich ablaufenden Brutgeschäft führt (STRESEMANN & STRESEMANN 1966).

Geier erneuern zu allen Jahreszeiten Federn und ein kompletter Großgefiederwechsel zieht sich über zwei bis drei Jahre, der des Kleingefieders gar über vier Jahre hin (HOUSTON 1975). Um 70 cm lange Handschwingen wachsen täglich weniger als einen Zentimeter (CRAMP & SIMMONS 1980, MUNDY et al. 1992). Infolge unterschiedlicher Federlängen sehen mausernde Geier im Fluge oft „gerupft" aus. Am intensivsten ist die Mauser jedoch alljährlich zwischen Juni und September. Der Schmutzgeier schließt sie erst im Winterquartier ab (DEMENTIEV 1951, GLUTZ VON BLOTZHEIM et al. 1971, CRAMP & SIMMONS 1980, DONAZAR 1993).

Der Mausermodus von Geiern ähnelt dem ihrer Greifvogelverwandten (Familie Accipitridae), zeigt aber oft Unregelmäßigkeiten (atypischer Modus). Hinzu kommen altersabhängige Umstellungen und irreguläres Nachwachsen, da sich Geier bei Auseinandersetzungen am Aas oft gegenseitig Federn ausreißen. Schmutz- und Bartgeier wechseln beispielsweise die Handschwingen des Jugendkleids noch klar deszendent. Spätere Mausern verlaufen dagegen ziemlich unregelmäßig. Die Armschwingenmauser geht, wie bei den meisten Großvögeln mit mehr als 18 As, von zwei oder drei Zentren aus (um die 6., 12. und 17. As). Die Schwanzfedern wechseln teils aszendent, teils deszendent. Details der Flügeldecken- und Kleingefiedermauser (letztere beginnt meist vor der Handschwingenmauser im Schulterbereich) wurden bisher kaum untersucht. Funktionsbezogenheit im Modus und oft vorliegende Konvergenzen begrenzen den Wert von Mauserstudien für systematische Fragestellungen (STRESEMANN & STRESMANN 1966, BROWN & AMADON 1968, HOUSTON 1975, CRAMP & SIMMONS 1980).

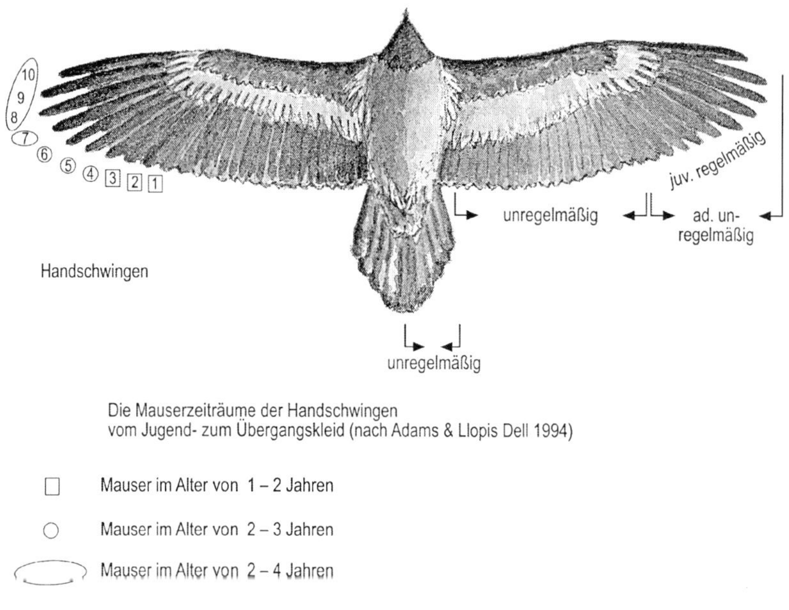

Abb. 3.6: Die Mauserzeiträume der Handschwingen vom Jugend- zum Übergangskleid beim Bartgeier (nach ADAMS & LLOPIS DELL 1994).

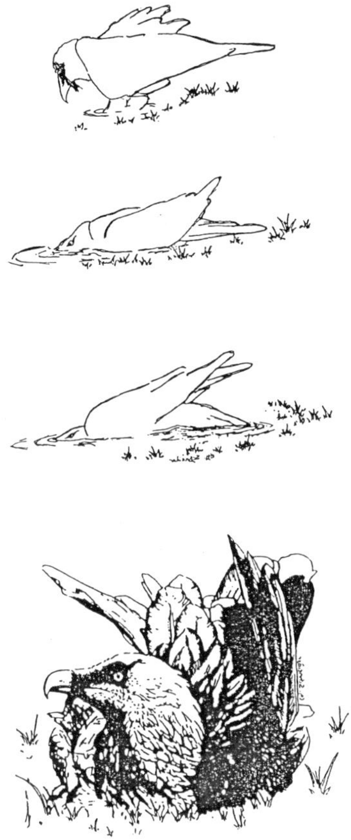

Abb. 3.7: Bartgeier beim Bad in eisenoxidhaltigem Schlamm zur Gefiedereinfärbung. Der Vorgang erregt den Vogel hochgradig, der sich dabei regelrecht mit Kehl- und Kloakenregion in den Schlamm presst und dabei immer wieder sichert (aus FREY & ROTH-CALLIES 1994).

Mit der Mauser unterliegen zugleich auch als Statusanzeiger wirkende Färbungs- und Zeichnungsmerkmale des Gefieders einem Wandel. So garantiert das schlichte Gefieder junger Schmutz- und Bartgeier die Duldung in Altvogelrevieren sowie Geselligkeit untereinander. Mit Anlegen des Alterskleides, dessen auffällige Merkmale offenbar auf Artgenossen distanzierend wirken, werden die Vögel sesshaft und territorial, dulden nur noch den Brutpartner im Revier (BAUMGART 1979, 1997a).

Warum die Bartgeier sich bereits unmittelbar nach dem Flüggewerden durch ausgiebige Bäder in eisenoxidhaltigem Schlamm zusätzlich rostfarben schminken (Abb. 3.7), bedarf noch der Klärung (BERTHOLD 1967, FREY & ROTH-CALLIES 1994). Neben einer Signalfunktion (die bei sich gleichfalls einfärbenden dunklen Jungvögeln aber wirkungslos ist) sind noch antiparasitäre Effekte, eine zusätzliche Eisenversorgung u. a. im Gespräch.

Unter den Schmutzgeiern des Nahen Ostens gab es noch zu Beginn des 20. Jh. eine aschgraue Morphe. Diese Vögel mit ihrem „signalreduzierten", mehr Geselligkeit zulassenden Gefieder waren wohl für Populationen im Siedlungsbereich des Orients bezeichnend. Sie sind heute verschwunden (BAUMGART 1991b). Das Gefieder der geselligen Kadaververwerter, insbesondere der *Gyps*-Arten, ist stets wenig auffällig und weist keine klaren Altersunterschiede auf. Dies trifft auch für den Mönchsgeier, nicht aber für tropische Solitärgeier wie Ohren-, Kahlkopf- und Wollkopfgeier sowie vor allem den neuweltlichen Königsgeier zu.

Kahle Körperpartien, die sich bei Erregung röten oder blau färben sind nach BROWN (1979) bei Geiern als Signalträger bedeutsam (zur analogen Funktion des roten Rings am Bartgeierauge s. Kap. 2.2). Die nackten Flecken beiderseits der Halswurzel („eye“ patches = „Augen“-Flecken) färben sich beim Gänsegeier zur Balzzeit auffällig blau. Beim Schneegeier sind sie dann rot (WEICK 1980), was zur artlichen Abgrenzung im Überlappungsgebiet beider Geier in Zentralasien beitragen dürfte.

3.5 Physiologische Sonderanpassungen und Verhalten

Physiologische Sonderanpassungen sind zwar oft nicht so auffällig wie morphologische oder Verhaltensanpassungen, doch von gleichrangiger Bedeutung. Geier fliegen täglich stundenlang in großer Höhe. Dabei sind Thermoregulation und Atmungsvermögen in besonderer Weise gefordert. Sie inspizieren das Terrain zwar meist nur aus einigen hundert Metern Höhe (s. Kap. 5.3.2), wurden aber, wie Mönchs- und Bartgeier im Himalaya, schon in über 7000 m ü. NN gesehen (BROWN & AMADON 1968, GLUTZ VON BLOTZHEIM et al. 1971). Ein Sperbergeier kollidierte an der Elfenbeinküste in 11280 m Höhe mit einem Flugzeug und hätte ohne den Unfall diesen Höhenflug wohl unbeschadet überstanden (FISCHER 1974, MUNDY et al. 1992).

Da sich die Luft in der Regel je 1000 m um 7,5 °C abkühlt, fliegen die Vögel meist in frostigen Höhenlagen. Dabei steigt z. B. die Umsatzrate des Gänsegeiers nur wenig an (<10 %) und die Thermoregulationen erfolgt energiesparend über stoffwechselunabhängige Mechanismen (PRINZINGER et al. 1997). Ein über vier Hämoglobinfraktionen abgestuftes Sauerstoffbindungsvermögen ermöglicht *Gyps*-Arten selbst dann in großer Höhe die Atmung, wenn der O_2-Partialdruck bis auf 36 mm Hg abgesunken ist (HIEBL et al. 1988, MUNDY et al. 1992).

Der Verdauungstrakt der meisten Geier weist alle für Vögel charakteristischen Abschnitte auf und ist bei den großen *Gyps*-Arten durchschnittlich 3 m lang. Kadaververwerter haben einen Sammelkropf, in dem der Gänsegeier etwa 1,5 kg Fleisch aufnehmen und auch Futter für das Junge zum Horst transportieren kann. Der Bartgeier hat als Knochenfresser wie der Schmutzgeier keinen Sammelkropf (HOUSTON & COPSEY 1994). Durch seine hohe Verdauungseffektivität kann der Schmutzgeier als Kotfresser aus Exkrementen von Großkatzen (und Menschen) noch erstaunlich viel Energie gewinnen (HOUSTON 1988).

Die Verdauung setzt erst im Magen in sehr saurem Milieu (pH 1,0–1,2) ein (HOUSTON & COOPER 1975, MENDELSSOHN & LESHEM 1983b). Diese „Säurebarriere“ spielt neben einem offenbar hochentwickelten Immunsystem bei der Infektionsabwehr eine besondere Rolle. Obwohl Geier auch Kadaver von Tieren verwerten, die an Milzbrand, Botulismus u. a. verendet sind, erkranken sie selbst daran nie (MUNDY et al. 1992). Gegen nicht über den Darmtrakt erfolgende Infektionen (etwa Viruserkrankungen wie Geflügelpocken) sind sie dagegen anfälliger.

Abb. 3.8: Ein Gänsegeier kann in seinen dann auffällig hervortretenden Kropf rund 1,5 kg Aas aufnehmen (nach HOUSTON 1976).

Wegen der hochwirksamen Abwehrmechanismen werden auch Parasiten im Verdauungstrakt von Geiern nur vereinzelt nachgewiesen. Parasitäre Protozooen (Sarkosporidien und Hämatozoen, darunter auch Malariaplasmodien) sind vor allem im Blut tropischer Geier verbreitet. Ein für Nestlinge teilweise sogar tödlicher Befall mit Ektoparasiten (Federlingen, Läusen und Zecken) gehört fast zur Regel (MUNDY et al. 1992, FREY pers. Mitt.). Krankheiten (Milzbrand und wohl auch Maul- und Klauenseuche) übertragen Geier weniger mit ihren Ausscheidungen als durch verschmutztes Gefieder sowie regelmäßiges Baden in Wild- und Viehtränken nach dem Kröpfen an Kadavern (HOUSTON & COOPER 1975).

Geier sehen ausgezeichnet. Die Netzhaut ihrer Augen weist mehr farbtüchtige Zapfen (bis 1 Mio./mm^2) als Stäbchen auf. Bart- und vor allem Schmutzgeier haben daher ein entwickeltes Farbsehvermögen (THALER et al. 1986). Der als Maß für Sehschärfe ermittelbare kleinste Sehwinkel lag für Gänsegeier bei 17,2" und für Schmutzgeier bei 13,3" und 16,6", hing aber stark von der Helligkeit ab. Schmutzgeier können bei grellem Licht aus 1000 m Höhe Gegenstände von 6,4–8,3 cm und aus 3650 m Höhe noch solche von 23,5–30,4 cm ausmachen (FISCHER 1969). Gänsegeier erkennen aus über 3000 m Höhe Objekte von unter einem Meter Durchmesser (BEZZEL 1985). Kadaver werden auf Grund unterschiedlicher Wahrnehmungen aus bis zu 35 km Entfernung angeflogen (MUNDY et al. 1992). Dabei nutzen sie Erfahrungen, assoziieren Gesehenes und verwerten es strategisch. Nach Schüssen fliegen sie herbei und vor allem die Abfallverwerter Schmutz- und Bartgeier erfassen veränderte Situationen schnell. Letztere verhalten sich teilweise ausgesprochen neugierig (FISCHER 1969, THALER et al. 1986).

Einige Geier verfügen als Aasfresser über eine Reihe besonderer Verhaltensweisen: Geselligkeit und gemeinsames Vorgehen bei der Nahrungssuche, paritätische Beteiligung der Partner am Brutgeschäft, Fütterung der Jungen aus dem Kropf etc. (HEINROTH & HEINROTH 1927).

4 Geier in Europa: Ökologie - Verbreitung - Bestände

Unsere Vorstellungen von Geiern verbinden sich meist rein intuitiv mit gebirgigen Landschaften in südlichen Breiten, Hirten und weidenden Viehherden. Ihre Verbreitung hängt folglich nicht nur von klimatischen und ökologischen Bedingungen sondern über die Viehhaltung zugleich auch in hohem Maße von politischen und wirtschaftlichen Entwicklungen in der menschlichen Gesellschaft ab (s. Kap. 1.1).

4.1 Ihrer Verbreitung sind auch natürliche Grenzen gesetzt

Die Besonderheiten ihres Nahrungserwerbs setzen der Verbreitung von Geiern sowohl in Europa als auch weltweit über geographische Breite, Klima und Landschaftsstrukturen hinaus natürliche Grenzen.

4.1.1 Geographische Breite und Klima

Die Nordgrenze der Brutverbreitung von Geiern erreicht in der Paläarktis etwa 50° n. Br., was einer Juli-Isotherme von 22 °C entspricht (VOOUS 1967). Auf der Südhalbkugel erreichen Andenkondor (*Vultur gryphos*) und Truthahngeier (*Cathartes aura*) in Küstengebieten sogar 55° s. Br.

In Europa füllten Geier diesen natürlichen Verbreitungsrahmen (Bartgeier 47°–48° n. Br., Mönchs- und Gänsegeier um 49°–50° n. Br.) bis ins 19. Jh. aus (GLUTZ VON BLOTZHEIM et al. 1971, FISCHER 1974, HALLER 1983).

Abb. 4.1: In den Mittelgebirgslagen um die Felsenklöster von Meteora (Nordgriechenland) trat der Schmutzgeier (neben anderen Geierarten) einst in besonders hoher Dichte auf, weil er von den herabgeworfenen Abfällen der Klosterwirtschaften profitieren konnte. Heute brüten hier nur noch wenige Paare. Foto: W. BAUMGART.

Heute brüten Gänsegeier (abgesehen von den ausgesetzten Vögeln bei Salzburg) auf den Kvarner Inseln und zusammen mit dem Mönchsgeier auf der Krim bei nur 45° n. Br. Das entspricht einer Arealverkleinerung um 500–600 km in etwa 150 Jahren. Schmutzgeier erreichen in Bulgarien 44° n. Br. und angesiedelte Alpen-Bartgeier gut 46° n. Br. (s. Kap. 4.4.1).

Nördliche Brutvorkommen von Geiern sind, abgesehen vom Schmutzgeier, weniger wegen direkter Kälteeinwirkungen instabil, denn große Arten überdauern auch Außentemperaturen von -50 °C. Entscheidender sind nach BAUMGART (1974), BROWN (1979) und HALLER (1983) Faktoren, die sich wie folgt eher indirekt auf die Lebensbedingungen der Geier negativ auswirken:

1. Wo Kälte und eine langfristig geschlossene Schneedecke eine ganzjährige Haltung von Haustieren im Freien nicht zulassen, bleiben Kadaver für Geier meist über Monate unerreichbar.
2. Die Unbeständigkeit des Wetters erschwert vor allem im Winterhalbjahr thermikgestützte Nahrungssuchflüge.
3. Die im Winterhalbjahr erheblich abnehmende Tageslänge und Lichtintensität garantiert nicht mehr die zur Nahrungssuche erforderlichen Aktivzeiten (s. Kap. 5.3.1).

Für die sich bei großen Geiern über 9–10 Monate hinziehende Brut und Jungenaufzucht (s. Kap. 6.2) fehlt nördlich des 50. Breitengrades meist der erforderliche zeitliche Rahmen. Bartgeier können im Alpenraum wohl nur deshalb noch brüten, weil sie hier im Winterhalbjahr vornehmlich von Wildkadavern leben und ihre Nahrungssuchflüge weniger vom Wetter abhängen (s. Kap. 3.2 und 5.3.1).

4.1.2 Lebensraum und Nahrungsangebot

In Europa bewohnen Geier vorzugsweise gebirgige und semiaride karstige Landschaften unterschiedlicher Höhenlage, die zudem felsbrütenden Arten günstige Horstplätze bieten (CRAMP & SIMMONS 1980). Für solche dünn besiedelten und ertragsarmen Gebiete sind extensive Formen landwirtschaftlicher Nutzung, vor allem aber die Haltung von Schafen und Ziegen, charakteristisch. In vom Islam geprägten Regionen, wo Schweinefleisch nicht gegessen wird, sind Schafe und Ziegen meist die primären Fleischlieferanten (BAUMGART 1974). So hielt man 1994 in der Türkei zwar 33,8 Mio. Schafe und 9,1 Mio. Ziegen, doch nur 5000 Schweine (EWYB 1997).

Begünstigt werden Geier in Gebieten mit Wechselweidewirtschaft (Transhumance), bei der das Vieh im Umfeld von Dauersiedlungen den Sommer über im Gebirge, im Winter in vorgelagerten Ebenen weidet. Wie das Wild, gleicht das Weidevieh jahreszeitliche Klimaschwankungen durch vertikale Wanderungen über relativ geringe, für Geier leicht überbrückbare Entfernungen aus.

Schafe und Ziegen sind wie Wild vielen Umwelteinwirkungen ausgesetzt. Ihre Geselligkeit ermöglicht bei geringer Aufsicht und Betreuung die Haltung großer Herden, erschwert aber die Überwachung von Einzeltieren. Dies führt zu regelmäßigen Verlusten durch:

- Futtermangel (vor allem während langer schneereicher Winter und sommerlicher Dürre),
- Infektions- und sonstige Erkrankungen,
- Unfälle und Katastrophen (Abstürze, Lawinen, Steinschlag, Wetterstürze) und
- Großraubtiere (Wölfe und Bären), die Weidevieh in oft nicht unerheblicher Zahl reißen.

Alle diese Faktoren wirken in Hochlagen, die auch die Bergung von Kadavern erschweren, wesentlich nachhaltiger als im Kulturland der Ebene. Nur hier gibt es oft noch eine für Geier als Nahrungsbeschaffer und -anzeiger (Suchflieger) so wichtige intakte Begleitfauna (große Raubtiere, Greif- und Rabenvögel). Thermik- und Windverhältnisse erleichtern im Gebirge reliefbedingt ihre Suchflüge. Niedrigere Temperaturen hemmen das Verwesen von Kadavern, gestalten so das Nahrungsangebot ausgeglichener (BAUMGART 1974, 1989, FISCHER 1974, BIBIKOV 1988).

Abb. 4.2: Lebensraum von Bart- und Gänsegeier im Krumltal, einem Nebental des Raurisertales in den Hohen Tauern. Der Freilassungsplatz für junge Bartgeier befindet sich in einer nicht sonderlich hohen Felswand im Talgrund — hinter dem großen Stein in der Bildmitte. Foto: W. BAUMGART.

4.1.3 Schlechtere Bedingungen für den Menschen – gute für Geier

Bereits HARTERT (1912/21) verwies darauf, dass sich Gänsegeiervorkommen auf mehr oder weniger „unkultivierte Länder" beschränken. Neben Agrarstaaten mit unterentwickelter Landwirtschaft, handelte es sich dabei in der ersten Hälfte des 20. Jh. auch um entlegene, noch stark landwirtschaftlich geprägte Teile von Industriestaaten (Südfrankreich, Sizilien und Sardinien).

Rückständigkeit erwuchs aus ungünstigen Umweltbedingungen, fehlenden finanziellen Mitteln zur Bodenverbesserung und Mechanisierung sowie stagnierenden gesellschaftlichen Verhältnissen. Feudale oder halbfeudale Besitzverhältnisse herrschten lokal bis um die Mitte dieses Jahrhunderts auf dem Balkan sowie in Spanien, Portugal und auf Sizilien (RADO 1962). Ein niedriges Bildungs- und Hygieneniveau, grassierende Tierseuchen (Tollwut, Milzbrand, Schafpocken u. a.) und Parasitosen waren gleichfalls bezeichnend. Ungenügende Abfall- und Kadaverbeseitigung ließ Geier nicht selten sogar nahe der Siedlungsbereiche ihr Auskommen finden.

4.2 Warum die Bestände drastisch abnahmen

In den letzten 150 Jahren sanken nach VOOUS (in BIJLEVELD 1974) in Europa die Greifvogelbestände (einschließlich Geier) auf rund 1 % des Ausgangswertes. Neben übermäßiger Verfolgung durch Abschüsse, Fallen und Gift wurden — bezogen auf den Bartgeier in den Alpen — bereits ausgangs des 19. Jh. ein Mangel an Aas (infolge Änderungen der Bewirtschaftungsformen) sowie Beunruhigungen durch den Tourismus als Ursachen genannt (SCHNEIDER & BAUERNFEIND 1999).

4.2.1 Direkte Einflussnahmen des Menschen auf die Bestandsentwicklung

Die bodenständige Landbevölkerung hat den Geiern seit jeher Verständnis entgegenbracht (s. Kap. 1.1) und stellte ihnen deshalb nicht nach (HANDRINOS 1985). Bis Ende des 18. Jh. blieb der Bartgeier im Alpenraum unbehelligt (BAUMGARTNER 1988). Erst das Anfang des 19. Jh. wachsende Interesse an der Natur weckte Sammlerleidenschaften, steigerte den Wert von Präparaten und Eiern imposanter Großvögel. Immer leistungsfähigere Schusswaffen, das Fallenstellen und letztlich das Legen von Gift perfektionierten die Vernichtung der Greifvögel, die in der zweiten Hälfte des 19. Jh. ihren Höhepunkt erreichte.

Das damalige Ausmaß des europaweiten Handels mit „wissenschaftlichen Trophäen" (Eiern, Bälgen und lebenden Vögeln) ist heute kaum noch vorstellbar. Unter dem Mantel von Schutzbestrebungen waren deren Initiatoren oft selbst maßgeblich daran beteiligt. THEOBALD KRÜPER versorgte als Direktor am Zoologischen Museum Athen Mitte des vorigen Jahrhunderts die Museen Europas mit Bälgen und Eiern des Bartgeiers sowie anderer Großvögel (HANDRINOS 1985). DOMBROWSKI (1912) erlegte in Rumänien in elf Jahren 86 Mönchsgeier, 182 Gänsegeier und 12 Schmutzgeier. Allein im Babadag (Bez. Tulca) wurden zwischen 1873 und 1875 377 Eier des Mönchsgeiers gesammelt. In der Schweiz kamen bis 1887 85 Bartgeier zur Strecke (BAUMGARTNER 1988). Seine Eier wog man in Gold auf (BERG 1931). Die Gänsegeier der Cevennen wurden noch um 1946 regelrecht „ausgeschossen" und vergiftet (TERRASSE et al. 1994).

Fehlurteile aus Fachkreisen — NAUMANN & HENNICKE (1905) bezeichneten den Bartgeier noch als „fürchterlichen Räuber" — rechtfertigten dieses Vorgehen. Ihm wurde Kinderraub angelastet, was in Einzelfällen wohl nicht ganz auszuschließen ist (s. GATTIKER & GATTIKER 1989, GLUTZ VON BLOTZHEIM et al. 1971, BEZZEL 1985). Nur unzugängliche Gebirge (spanische Pyrenäen, auf Kreta und Korsika) bewahrten ihn bis in die Gegenwart vor der Ausrottung.

Abb. 4.3: Das Bartgeierweibchen Republic 5: 1993 in der Wiener Zuchteinheit aufgezogen und im Haute Savoyen freigelassen; abgeschossen am 4.11.1997 im Wallis/Schweiz. Foto: B. FLURY.

Doch zu Abschüssen kommt es bis heute. Ein Athener Präparator erhielt zwischen 1974 und 1980 1 Bart-, 16 Schmutz- und 39 Gänsegeier (HANDRINOS 1985) und auch in Spanien schießt man immer noch Mönchs- und Gänsegeier ab. Auf Korsika, wo die Art seitens der Bevölkerung bisher Schutz genoss, wurden 1991 erstmals zwei Bartgeier (FASCE et al. 1989, 1994) erlegt und wenigstens drei der neu angesiedelten Alpenbartgeier (Nina: 1.8.1993 Nationalpark Ecrins/Frankr., Felix: 23.3.1994 Reschenpass/ital.-österr. Grenzgebiet und Republic 5: 4.11.1997 Wallis/Schweiz) kamen durch illegalen Abschuss um (FREY pers. Mitt.).

Auch zur Bekämpfung von Raubwild und kaum gezielt gegen sie ausgelegtem Gift (Strychnin, weniger Zyanide) fallen Geier regelmäßig zum Opfer, wenn sie so präparierte Kadaver annehmen. Dieses bereits Ende des 19. Jh. in Südeuropa gegen Wölfe praktizierte Vorgehen war mit sehr nachhaltigen Folgen bis in die Jahre nach dem 2. Weltkrieg üblich.

Denn nicht nur Geier verendeten nahezu flächendeckend in oft großer Zahl. Auch die Begleitfauna (Wölfe und andere Raubtiere als Nahrungsbeschaffer, Raben u. a. als Kadaveranzeiger) wurde dezimiert. Belegt ist dieses Vorgehen für Rumänien (JACOBI 1957, KLEMM & KOHL 1988, CIOCHIA et al 1998), Bulgarien (BAUMGART 1989), ehemaliges Jugoslawien (MARINKO-

VIĆ et al. 1985), Griechenland (HANDRINOS 1985, HALLMANN 1998), den europäischen Teil der ehemaligen Sowjetunion (BIBIKOW 1988) und Spanien (DONAZAR 1993, BIJLEVELD 1974). Mit dem Rückgang des Wolfes unterblieben solche Praktiken zumeist schon ab den 70er Jahren. Doch trotz nachfolgendem Verbot in fast allen europäischen Staaten ist das Auslegen von Giftködern nie ganz aufgegeben worden. So registrierte man allein in Spanien zwischen 1979 und 1989 noch 115 vergiftete Gänsegeier (ARROYO 1994). Der Geierreichtum Kretas erscheint mit darin begründet, dass es auf der Insel kein Raubwild gibt und so auch nie Gift ausgelegt worden ist (HANDRINOS 1985).

Entsprechende Verluste schienen nach dem europaweiten Verbot der Raubwildbekämpfung mit Gift nach 1970 über zwei Jahrzehnte kaum noch eine Rolle zu spielen. Durch die zunehmende Anwendung von Pflanzenschutz- und Schädlingebekämpfungsmitteln in der Landwirtschaft waren Geier wenig betroffen. Sporadische Todesfälle in Verbindung mit der Anwendung von Rodentiziden, Pestiziden und Herbiziden konnten meist nicht restlos abgeklärt werden (PALMA 1985, TEWES 1996). Gesicherte Angaben über Fortpflanzungsstörungen infolge Rückstandsbelastung fehlen. Reste von Geschossblei, die Geier beim Kröpfen verluderten Wildes mit aufnehmen, können dagegen zu chronischen Vergiftungen und zum Tode führen (FREY pers. Mitt.).

Doch seit 1990 nehmen Vergiftungen von Geiern (und aasfressenden Greifvögeln) mit Agrochemikalien, Pestiziden und Tierarzneimitteln (darunter chlor- und phosphororganische Pestizide, Warfarin und Dikumarin, Karbamate u. a.), nicht nur wegen unsachgemäßer Anwendung europaweit erheblich zu. Einem breiten Personenkreis zugänglich, werden diese Präparate nunmehr gezielt zur Bekämpfung von Füchsen, verwilderten Katzen und Krähenvögeln in überhegten privaten Niederwildrevieren eingesetzt. Allein auf der Pyrenäenhalbinsel führte das erneut aufkommende Legen von Gift nach 1990 zum Tode von 133 Gänse-, 146 Mönchs-, 70 Schmutz- und 7 Bartgeiern (RAMIZ & SANCHEZ 1998, HEREDIA & RAZIN 1998, HERNANDEZ 1999, RAMOS et al. o. J.). Besonders für Schmutzgeier, die als Zugvögel kaum von einstigen winterlichen Wolfsvergiftungen betroffen waren, erwächst so eine akute Bedrohung.

Seit kurzem gefährdet verstärkter Gifteinsatz im Nahen Osten (als Folge wohlgemeinter Jagdverbote) zunehmend ziehende und überwinternde Geier (BAUMGART 1995), was auch internationale Initiativen zum Verbot illegalen Gifteinsatzes in den Mittelmeer-Anrainerstaaten auslöste (Resolutionen 4 und 6 der 5. Greifvogel-Weltkonferenz 1998/Midrand/ZA). Hervorzuheben sind Gegenmaßnahmen der spanischen Naturschutzbehörde auf nationaler Ebene (DONANA 1999) und eine Kampagne der BVCF gegen Giftmissbrauch in Spanien, Portugal, Frankreich, Italien und Griechenland (TEWES pers. Mitt.).

Abb. 4.4: Hochspannungsleitungen, wie hier am Stilfser Joch, bilden für Geier und andere Großvögel eine stete Gefährdung. Foto: W. BAUMGART.

4.2.2 Der Lebensraum wird beschnitten

Weil sie so ausgedehnte Aktionsräume nutzen, entsteht oft der Eindruck, als blieben Geiern selbst bei erheblichen Umweltveränderungen noch genügend Freizonen. Oft tolerieren sie zunehmenden Tourismus und Verkehr. An Ruhe- und auch Horstplätzen halten sie meist fest, solange sie nicht gezielt Störungen (etwa durch Beobachter, ihnen ständig folgende Kleinflugzeuge, Drachen- und Schirmgleiter) oder gar direkter Nachstellung ausgesetzt sind. Der Gänsegeierschlafplatz bei Rauris (Salzburger Alpen) ist beispielsweise von einer nahen Straße aus gut einsehbar.

Doch Erschließungsmaßnahmen, die voranschreitende oberirdische Elektrifizierung der Landschaft und die Einrichtung von Windparks treffen gerade die Geier oft gravierend. Zwei Alpen-Bartgeier kamen nach Anflug an Leitungsdrähte um (FREY 1997, 1998) und sogar durch die Horstwand am Stilfser Joch führt eine Hochspannungsleitung. Auch im Gänsegeierprojekt der Cevennen führte dies zu erheblichen Verlusten (s. Kap. 7.3). Geradezu katastrophal wirkten sich neu eingerichtete Windparks bei Tarifa an der Südspitze Spaniens aus. Innerhalb eines Jahres (1993/1994) kamen hier 43 Gänsegeier durch Kollision mit Windrädern um (ACHA 1998).

Nach großräumiger Habitatzerstörung (etwa der Verdrängung ursprünglicher aufgelockerter Korkeichenwälder durch geschlossene Eukalyptus-Bestände) gaben Mönchsgeier in Spanien schon Brutplätze auf (Garzon 1974, Hiraldo 1974, Gonzales 1994). Erst die Ausweisung von Horstschutzzonen reduziert Störungen durch forstwirtschaftliche Maßnahmen (Spyropoulou 1998). Die Baumhorste des Mönchsgeiers sind zudem durch Waldbrände bedroht, die lokal in Kolonien Brutausfälle bis zu 25 % verursachen können (Galan et al. 1998).

Umstellungen in den Lebensgewohnheiten der Bevölkerung vordem abgelegener Landstriche nach infrastruktureller Erschließung blieben in einschlägigen Untersuchungen bisher nahezu unbeachtet. Steigender Tourismus führt aber nicht nur zu wachsendem Personenverkehr und Beunruhigungen. Auch das Wirtschaftsgefüge sich früher selbst versorgender Regionen ändert sich grundlegend. Mit neuen, meist von „Pendlern" eingenommenen Arbeitsplätzen im Tourismusbereich schwinden ursprüngliche Wirtschaftsformen wie die extensive Viehhaltung (z. B. auf Kreta und Rhodos). Werden zur Anhebung des Hygieneniveaus in neu entstehenden Tourismusregionen Tierkadaver und Schlachtabfälle rasch beseitigt, ist das für Geier über ein rückläufiges Nahrungsangebot einer Habitatveränderung gleichzusetzen (Baumgart 1991b).

4.2.3 Veränderungen im Nahrungsangebot

Das Nahrungsangebot für Europas Geier wandelte sich über Jahrhunderte in vielfältiger Weise. Nutztiere ersetzten Wildtiere zunehmend als Ernährungsgrundlage. Mit dem Anwachsen der Bevökerung seit dem Mittelalter (s. Kap. 1.1) änderten sich jedoch nicht nur die Kopfstärke und Zusammensetzung sondern auch die Haltungsformen der Haustierbestände mit einschneidenden Auswirkungen für Geier.

Schalenwild: Wie sich der Rückgang des Schalenwildes für Geier in den meisten Regionen Europas bis in die erste Hälfte des 20. Jh. ausgewirkt hat, ist nur grob abschätzbar. Lediglich im Kaukasus lieferten Wildtierkadaver wohl bis in die Gegenwart einen erheblichen Beitrag zu ihrer Ernährung. In den Alpen bestand zwischen dem Aussterben des Bartgeiers und dem Rückgang der Schalenwildbestände eine enge Korrelation. Der letzte Schweizer Steinbock fiel bereits 1809 im Wallis und noch im 19. Jh. reduzierten sich Gämsen und Rotwild auf Restbestände (Haller 1983, Baumgartner 1988).

Umgekehrt begünstigten die in jüngerer Zeit wieder angewachsenen Wildbestände der Alpen Geier in beachtlichem Umfang (Müller 1988). Allein in den Schweizer Alpen gibt es wieder rund 12000 Steinböcke, 24000 Rothirsche und 70000 Gämsen. Nach der Fallwildstatistik kamen

Abb. 4.5: Ursprüngliche Formen der Weideviehhaltung, insbesondere die von Schafen und Ziegen in Gebirgsgegenden, bilden die wichtigste ernährungsmäßige Voraussetzung für das Vorkommen von Geiern in Europa. Foto: W. BAUMGART.

1986 wenigstens 6000 Stück Wild um (BAUMGARTNER 1988). 1993 zählte man in den gesamten Alpen wieder 24–28000 Steinböcke (SCHNEIDER & BAUERNFEIND 1999). Auch in den österreichischen Alpen sind die für Bart- und übersommernde Gänsegeier bedeutsamen Wildbestände höher als je zuvor (WALTER 1981). Selbst in Spanien haben sie sich lokal erholt (DE JUANA & DE JUANA 1984). Aus den katalonischen Pyrenäen verschwand der Bartgeier 1960–65 mit dem Rückgang der Gämsen unter 100 Individuen. Mit ihrer erneuten Zunahme auf über Tausend siedelte er sich 1978 wieder an (ANONYM 1988). In den Bartgeiergebieten der spanischen Pyrenäen gab es Ende der 80er Jahre rund 10000 Gämsen und fast 2000 Steinböcke (HEREDIA & HEREDIA 1991). Gerade noch 600 Mufflons liefern dagegen auf Korsika nur einen bescheidenen Beitrag zur Bartgeierernährung (THIBAULT et al. 1993). Da sich hier auch die Haltung von Nutztieren im Freiland erheblich reduzierte (s. u.) scheint es den Bartgeiern Korsikas nun an Nahrung zu mangeln (BIJLEVELD VAN LEXMOND 1998). Die geringen Bruterfolge der letzten Jahre sprechen hierfür (s. Kap. 6.8).
Landwirtschaftliche Nutztiere: Die Bestände der in Europa für die Ernährung der Geier so wichtigen Schafe nahmen im 20. Jh. erheblich ab. Die Nachfrage nach Wolle sank durch überseeische Konkurrenz und neu entwickelte Synthesefasern. Schaffleisch verlor an Wertschätzung.

Nomadisierende Formen der Viehhaltung waren vor allem infolge geringer Ertragslage ständig rückläufig. Sie unterlagen nach 1878 auf dem postosmanischen Balkan, wie gegenwärtig in Kaukasien (ABULADZE & SHERGALIN 1998) zusätzlich durch Grenzziehungen zwischen den neu entstandenen Nationalstaaten (anders als auf der weiträumig von Spanien eingenommenen Pyrenäenhalbinsel) und seuchenhygienische Reglementierung erheblichen Einschränkungen (BAUMGART 1989). Eine Almwirtschaft mit winterlicher Stallhaltung ersetzte ab Mitte des 19. Jh. die Wechselweidewirtschaft im Alpenraum und im Norden der Balkanhalbisel. Hielt man in Griechenland 1938 noch 60 % des Schaf- und 37 % des Ziegenbestandes in ständig oder saisonal wandernden Herden, so waren es 1978 nur noch 18,5 bzw. 14 % (HANDRINOS 1985).

Wo möglich (wie auf Korsika), verdrängte die Rinder- und Schweinehaltung die unwirtschaftlichere Haltung von Schafen und Ziegen (THIBAULT et al. 1993). Die extensive Schafhaltung ist heute nur noch dort verbreitet, wo Alternativen fehlen (etwa weite Räume im gebirgigen Inneren Spaniens und Griechenlands) oder neue Nutzungsrichtungen erwuchsen, wie etwa die Käseproduktion aus Schafsmilch (Südfrankreich).

In „Geier-Ländern" wie in Spanien und Griechenland hat die Schafhaltung seit jeher einen besonderen Stellenwert (s. Tab. 4.1). Neben den absoluten Zahlen sind die Relationen zwischen den einzelnen Nutztierarten gleichfalls sehr aufschlussreich. Auch andere Länder mit Geiervorkommen (wie Portugal mit 5,9, Frankreich 10,45, Italien 10,37, Albanien 1,90, ehemaliges Jugoslawien 2,64 und Bulgarien 3,76 Mio. Schafen) weisen erhebliche Bestände auf. Bei intensiver Landwirtschaft — wie etwa in Deutschland — sind Geiervorkommen ausgeschlossen. 1994 entfielen hier auf 15,96 Mio. Rinder, 24,70 Mio. Schweine und 101,14 Mio. Stück Geflügel nur 2,34 Mio. Schafe (EWYB 1997).

Tab. 4.1: Die Nutztierbestände Spaniens und Griechenlands (in Mio. nach EWYB 1997).

	Spanien	**Griechenland**
Schafe	23,06	9,60
Ziegen	3,16	5,56
Rinder	5,25	0,61
Schweine	18,35	1,14
Pferde	0,26	0,04
Esel und Maultiere	0,15	0,16
Geflügel	?	27,00

Oft konzentrieren sich Geiervorkommen auf Landesteile mit überproportional hohen Schaf- und Ziegenbeständen. In Frankreich sind es die Pyrenäen und südlichen Gebirgszonen (im Bezirk Avignon im erweiterten Umfeld des Cevennen-Projektgebietes werden 1 Mio. Schafe gehalten). Auf Kreta zählt man fast 1 Mio. Schafe und Ziegen (XIROUCHAKIS & GIANNATOS 1997). Auf den Kvarner Inseln sind es seit Jahren konstant 40000 Schafe (PERCO et al. 1981/83) und in den Hohen Tauern, dem sommerlichen Ausweichgebiet der dortigen Gänsegeierpopulation, bis zu 10000–15000 Schafe und Ziegen (GLUTZ VON BLOTZHEIM et al. 1971), mit allerdings rückläufiger Tendenz (WALTER 1981). In den Mönchsgeiergebieten Mallorcas werden jeweils über 10000 Schafe und Ziegen gehalten. Bei einer zwischen 5–10 % liegenden Mortalitätsrate fallen jährlich 33000 kg Aas an (TEWES 1996), wodurch die Ernährung der inzwischen wieder auf ca. 70 Individuen angewachsenen Inselpopulation (s. Kap. 7.3) absichert ist.

Die in wenig erschlossenen Gebieten als Transporttiere bedeutsamen Esel und Maultiere werden nach Gliedmaßenbrüchen meist getötet. Zum menschlichen Verzehr ungeeignet, bleiben sie, wie verendete Tiere, zur „Entsorgung" durch Geier liegen und erlangen so für diese einen besonderen Stellenwert.

Sonstige Tierarten und Nahrungsquellen: Neben Huftieren können weitere, meist kleinere Tierarten lokal für Geier beachtliche Bedeutung erlangen. Ihre Artenvielfalt sichert die Kontinuität im Nahrungsangebot ab und trägt zur Überwindung von Nahrungsengpässen bei.

Der katastrophale Rückgang europäischer Landschildkröten ist in seinen Auswirkungen für Geier kaum abschätzbar. Bartgeier tieferer Lagen der südlichen Balkanhalbinsel verloren, wie lokal wohl auch Schmutzgeier, die Ernährungsgrundlage. Murmeltiere in Hochlagen und Kaninchen in Tieflagen Südwesteuropas liefern saisonal gleichfalls einen wesentlichen Beitrag zur Geierernährung. Selbst beim Zug über Gebirge umkommende Vögel (z. B. Ringeltauben) sammelt der Bartgeier auf.

In Getreideanbaugebieten liefert die Geflügelhaltung dem Schmutzgeier ergiebige Schlachtabfälle. Wo Getreide fehlt, werden meist Kaninchen gehalten, bei deren Schlachtung für ihn aber wenig abfällt (BAUMGART & BAUMGART 1995). Dies dürfte sich für sein Vorkommen auf einigen Mittelmeerinseln limitierend auswirken (s. Kap. 5.8).

Die Rolle von Wildkaninchen für die Ernährung des Mönchsgeiers auf Mallorca offenbarten Untersuchungen im dortigen Projekt. Mit steigendem Grünfutterangebot ab Juni sinken die Verluste bei Schafen und Ziegen, was jedoch nicht zu Nahrungsengpässen beim Geier führt, weil dann durch Mücken übertragbare Erkrankungen (Myxomatose und Haemorrhagische Virus Disease/HVD) bei Kaninchen und Hasen zu einer hohen Mortalität führen. Mit Abklingen dieser Krankheitsgeschehen im Herbst nehmen dagegen fast zeitgleich die Viehverluste wieder zu (TEWES 1996).

Dieser saisonale Wechsel im Nahrungsangebot sichert auch auf dem spanischen Festland den Unterhalt der Mönchsgeier ganzjährig ab (GUZMAN & JIMEZ 1998). Die derzeit wesentlich ungünstigere Situation des Mönchsgeiers im südlichen Osteuropa könnte so mit dem Fehlen von Kaninchen oder einer für ihn analog verwertbaren Tierart erklärt werden. Auf den Hochsteppen Zentralasiens bieten ihm Murmeltiere bei rückläufigem Angebot an Großtierkadavern im Sommer einen entsprechenden Ersatz.

Der saisonale Wechsel in der Ernährung des Mönchsgeiers zeigt, dass angemessen große Wild- und extensiv gehaltene Nutztierbestände Geiern erst dann ein ausreichendes Nahrungsangebot liefern, wenn Tiere regelmäßig verenden. Dabei hängt die Höhe des Geierbestandes eines Gebietes vom minimalen Nahrungsangebot im Jahreszyklus ab (Kap. 5.5).

Die meisten der für Wild und freilebend gehaltene Haustiere wichtigen Mortalitätsursachen (s. Kap. 4.1.2) haben im Laufe des 20. Jh. in Europa ihre Bedeutung verloren. Viehsterben durch Futter- oder Wassermangel während langdauernder Winter oder Sommerdürren sind heute ebensowenig vorstellbar wie Seuchenzüge mit massenhaftem Kadaveranfall, die noch in den ersten Jahrzehnten des letzten Jahrhunderts auf dem Balkan wüteten. Mit Gründung des „Office International des Epizooties" von 1924 in Paris lief eine europaweit koordinierte Tierseuchenbekämpfung an.

Strikte administrative Vorgehensweisen (Kollektivierung der Landwirtschaft, Genehmigungspflicht für Tiertransporte, Diagnose- und Impfprogramme, Anhebung des Hygieneniveaus einschließlich vollständiger Tierkörperverwertung u. a.) können Geiern in kürzester Zeit — wie während der 50er Jahre in Rumänien und Bulgarien (KLEMM & KOHL 1988, BAUMGART 1989) — nahezu jegliche Existenzgrundlage entziehen. Im mehr privatwirtschaftlich orientierten ehemaligen Jugoslawien verfuhr man moderater, was Geiern in begrenztem Umfang zum Überleben verhalf (BAUMGART 1974). Es sind heute weniger seuchenhaft verlaufende, sondern vornehmlich endemisch auftretende Tierkrankheiten (Milzbrand, Rauschbrand und Enterotoxämie sowie einige Parasitosen), die noch lokal zu beachtlichen Tierverlusten führen können.

Raubwildrisse haben in Europa gegenwärtig für Geier kaum noch Bedeutung. Wölfe gibt es nur noch im Süden der Balkanhalbinsel und in Transkaukasien in nennenswerter Zahl. Die spanischen Restvorkommen des Wolfes (ca. 200 Expl.) überlappen sich nur wenig mit den stark angewachsenen Geierbeständen (BIBIKOW 1988). Wo heute beide noch in denselben Gebieten vorkommen (etwa in den bulgarischen Ostrhodopen oder neuerdings im Apennin), profitieren sie meist ohne wechselseitige Begünstigungen von den gleichen Voraussetzungen (extensive Viehhaltung in unterentwickelten Gebieten, geringes Hygieneniveau u. a.). Das Fehlen von Wölfen wirkt sich für Geier heute eher vorteilhaft aus, da dann das gegen diese gerichtete Auslegen von Gift unterbleibt.

Der Steinadler erwies sich dagegen als außerordentlich wichtiges Begleitfaunenelement für die neu angesiedelten Bartgeier der Alpen. In milden, schneearmen Wintern (wie dem von 1987/88), als Lawinen- und Kälteopfer unter dem Wild ausblieben, schlossen sich die Geier eng den Steinadlern an und überlebten von deren Beuteresten (FREY 1988). Als der Bartgeier in den Alpen ausstarb, war auch der Steinadlerbestand durch Bejagung stark geschrumpft (ENGELMANN 1928). Bartgeier teilen sich ihre Brutreviere meist mit mehreren Steinadlerpaaren. In den Karpaten betrug die Relation um die Jahrhundertwende etwa 1:5 (KLEMM & KOHL 1988). Andere Großvögel sind für Geier meist nur als kooperierende Suchflieger bedeutsam (s. Kap. 5.3.2).

Umwelteinwirkungen sind für das Nahrungsangebot nach wie vor vornehmlich in Gebirgslagen von Bedeutung. Abstürze von Schalenwild und extensiv gehaltenem Vieh in schroffem Terrain, Verluste durch Lawinen, Wetterstürze, sommerliche Kälteeinbrüche mit Schneefällen, Blitzschläge etc. sind hier nichts Ungewöhnliches. Sie tragen in den Pyrenäen dazu bei, dass die Schalenwildmortalität bei 11 %, die des Weideviehs bei 3 % liegt (HEREDIA & HEREDIA 1991). Auch im Geiergebiet der Hohen Tauern sind die Wetterverhältnisse sehr wechselhaft (FREY). Auf Kreta stürzt viel Vieh ab, weil es auf den überweideten Hochflächen nicht ausreichend versorgt ist und zur Sättigung an Steilwänden umherklettern muss (XIROUCHAKIS & GIANNATOS 1997). In Anpassung an die Katastrophenszenarien einzelner Gebirgsräume weist die Wander- und Verhaltensphänologie der Geier oft erhebliche lokale Unterschiede auf. In einigen wenig schroffen „Alten Gebirgen" des Balkans war erst über zusätzlich auftretende Tiererkrankungen (Drehwurm der Schafe, Tollwut der Hirtenhunde) die Ernährung der Geier ausreichend abgesichert.

4.3 Bestandsverluste: Jede Geierart trifft es anders

Auf Grund ihrer unterschiedlichen Lebens- und Ernährungsweisen werden die einzelnen Geierarten von bestandsbeeinträchtigenden Faktoren unterschiedlich getroffen. Wirken mehrere gleichzeitig — in Bulgarien wurde in den 1950er Jahren die Landwirtschaft kollektiviert und Wölfen darüber hinaus mit Gift besonders intensiv nachgestellt (allein 1954 kamen 1079 zur Strecke) — lässt sich die Bedeutung von Einzelfaktoren oft nur schwer ermitteln.

Für den Schmutzgeier hatten menschliche Nachstellungen, Vergiftungen (ausgenommen die Entwicklungen seit 1990) und der Rückgang der extensiven Weideviehhaltung wesentlich geringere Auswirkungen als die Anhebung des Hygieneniveaus (Verbot von Wasenplätzen, Bau urbaner Kanalisationen und geregelte Müllbeseitigung in Siedlungsbereichen). Dies entzog der einst über 50 % des Bestandes ausmachenden Urbanpopulation Südeuropas z. T. schlagartig die Existenzgrundlage.

Aus Istanbul und Damaskus verschwand der Schmutzgeier um die Jahrhundertwende (KASPAREK 1992, BAUMGART et al. 1995). In ländlichen Gegenden Bulgariens (BAUMGART 1991b) und Israels (MENDELSSOHN & LESHEM 1983a) ging er in den 50er Jahren um 80 % bzw. 95 % zurück. Auf Mallorca und an der spanischen Festlandsküste erloschen die Vorkommen, wohl infolge des Ausbaus der Tourismusindustrie gleichfalls nach 1950. Parallel kam es auch im Landesinneren zu einem deutlichen Rückgang (DONAZAR 1994). Da die Entwicklung der Hygienestandards fortschreitet, ist der kleine Geier vielerorts durch Schutzmaßnahmen allein kaum zu erhalten und muss in Europa — wo er zudem fast ausschließlich Zugvogel ist — als besonders bedroht gelten.

Zum Rückgang des Bartgeiers haben alle Negativfaktoren (intensive menschliche Nachstellungen, Rückgang der Wildbestände und extensiven Weideviehhaltung sowie der für ihn besonders wichtigen Begleitfauna) in sehr komplexer Weise beigetragen. Nur dort, wo diese Entwicklungen ausblieben, verspätet einsetzten oder rechtzeitig gestoppt werden konnten (Zentralpyrenäen, Gebirge im Inneren Griechenlands, auf Kreta und Korsika) blieben Restbestände erhalten. Seine relativ fest umrissenen Aktionsräume in meist entlegenen Gebirgsregionen begünstigen heute Schutzmaßnahmen.

Das Handikap des Mönchsgeiers besteht in seinen begrenzten Aktionsräumen, die geeignete Horstplätze und ein ausreichendes Nahrungsangebot zugleich bieten müssen. Dies erfordert eine hohe Habitatqualität auf engstem Raum, die zumeist nur in Niederungen mit geringen Ausweichmöglichkeiten vorliegt; dem Bartgeier bieten unter ähnlichen Grundvoraussetzungen Hochlagen meist besseren Schutz. Daraus erwächst eine besondere Gefährdung der Art. Lokale Populationen, etwa die der Dobrudscha, wurden durch Abschüsse und das relativ einfache Absammeln von Gelegen nahezu ausgerottet (CIOCHIA et al. 1998). Als Baumhorster bedrohen ihn zusätzlich Habitatveränderungen, forstwirtschaftliche Maßnahmen und Waldbrände (GALAN et al. 1998). Da er Giftköder und vergiftete Kleintiere selbst in bewaldetem Gelände findet, ist er zusätzlich akut bedroht (BIJLEVELD 1974). Mit Gründung der BVCF (Black Vulture Conservation Foundation) wurde die besondere Situation des Mönchsgeiers noch rechtzeitig erfasst, was die Chancen für einen effektiven Artenschutz erhöhte.

Gänsegeier binden ihre Abhängigkeit von Großtierkadaver stärker als die anderen Arten an extensive Formen der Weideviehhaltung. Rückläufige Tendenzen im Nahrungsangebot kann er in beachtlichem Grade durch Erweiterung seiner Einzugsbereiche kompensieren. Die häufig feststellbare Orientierung seines Vorkommens an Ländergrenzen, oft weitgehend unabhängig von geographischen und ökologischen Bedingungen, spiegelt meist unterschiedliche gesetzliche Bestimmungen im Rahmen der Landwirtschafts- und Gesundheitspolitik sowie Tierseuchenprophylaxe und Hygiene in den Nachbarstaaten wider. Dadurch, dass der Gänsegeier in geschützten Gebirgsregionen fern der Nahrungsräume horsten kann, ist er gegenüber dem Mönchsgeier erheblich im Vorteil.

Doch seine weiträumig übergreifende Aktivität macht ihn gegenüber Vergiftungsaktionen, die meist binnen kurzer Zeit zu „Geier freien" Regionen führen, sehr anfällig. Andererseits erleichtert das Schutzvorhaben, indem über wenige, regelmäßig beschickte Futterplätze kopfstarke Lokalpopulationen gestützt und aufgebaut werden können.

Verluste auf Grund natürlicher Todesursachen sind bei Geiern selten und für die Populationsentwicklung zumeist ohne besondere Bedeutung. Vereinzelte Meldungen belegen Todesfälle durch Blitz- und Steinschlag sowie Lawinen. Vor allem jugendliche Vögel können Prädatoren wie großen Greifvögeln, besonders dem Steinadler, und dem Fuchs zum Opfer fallen. In der Nachbarschaft von Habichtsadlern brütenden Gänsegeiern wurde bei dessen Atacken zur Horstverteidigung schon der Kropf aufgerissen. Danach nicht mehr zur Nahrungsaufnahme befähigt, verhungerten sie. Zwingt Nahrungsmangel die Altvögel zu weiten Suchflügen, so werden länger unbeaufsichtigt bleibende Nestlinge bald von Raben belästigt und auch getötet. BROWN (1988) verzeichnete dies wiederholt beim Bartgeier in Südafrika.

4.4 Die Bestandssituation europäischer Geier

Da die einzelnen europäischen Geierarten unterschiedlich auf bestandsbeeinträchtigende Faktoren reagieren, stellt sich ihr Vorkommen regional auch uneinheitlich dar.

4.4.1 Bestandsveränderungen in Vergangenheit und Gegenwart

Bestandsverhältnisse und Rückgang europäischer Geier lassen sich relativ zuverlässig bis zum Beginn des 19. Jh. zurückverfolgen.

Der Schmutzgeier hat nach erheblicher Bestandsausdünnung im Verlauf des letzten Jahrhunderts sein Areal in Europa meist nur punktuell behaupten können, brütet in einigen früheren Kernbereichen lediglich noch sporadisch und änderte teilweise auch seine Lebensformen (s. Kap. 5.1).

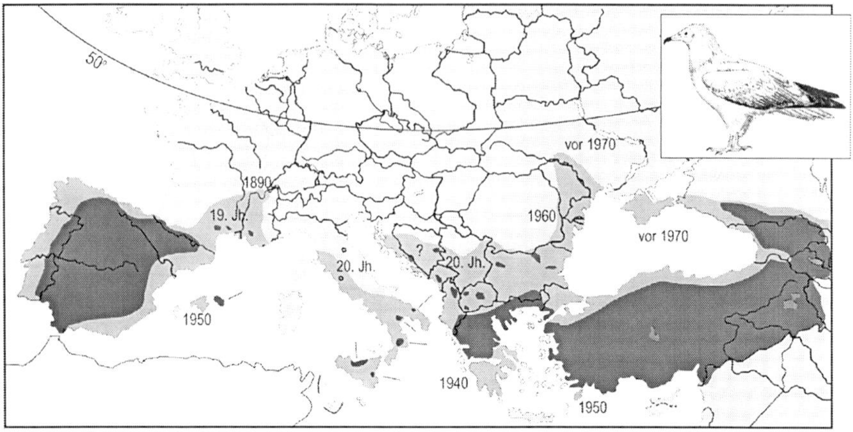

Abb. 4.6: Die einstige Verbreitung des Schmutzgeiers in Europa (Grautönung) und seine hier ausgangs des 20. Jh. noch bestehenden Vorkommen (dunkel, bei geringer Ausdehnung sind sie noch zusätzlich durch Hinweiszeichen markiert). Eingefügte Zahlen geben den etwaigen Zeitpunkt letzter Brutnachweise an. Zur Orientierung sind Landesgrenzen und große Flüsse mit eingezeichnet. Zeichnung: N. KRANEIS.

Vor 1970 ist er aus der Ukraine (Dnestr-Ufer und Krim) verschwunden (SHHERBAKA 1994) und brütet in Moldawien und Rumänien höchstens noch sporadisch. Über sein Vorkommen in Kroatien, Bosnien-Herzegowina und Jugoslawien besteht wenig Klarheit. In Bulgarien, Mazedonien, Albanien und Griechenland zählt er noch zu den verbreiteten, doch nirgends häufigen Brutvögeln. Sein Bestand ist in Süditalien gefährdet (nur noch 7–10 BP, LIBERATORI et al. 1998) und in Südfrankreich äußerst gering. Nur in Spanien, einschließlich Menorca und Kanaren, Portugal sowie Kaukasien und der Türkei sind die Vorkommen des Schmutzgeiers relativ stabil bzw. gehen weniger auffällig zurück. Die Klärung der Verhältnisse auf der Grundlage derzeit verfügbarer Bestandszahlen (s. Tab. 4.2) ist daher geboten.

Der Rückgang des Bartgeiers in Europa wurde mit der Zersplitterung seines vordem recht geschlossenen paläomontanen Areals nach 1800 offensichtlich. Die Alpen- und Karpatenvorkommen gerieten schon ausgangs des 19. Jh. in weitgehende Isolation (JACOBI 1957). Unbekannt ist, wann er auf dem italienischen Festland (Apennin) und im küstennahen Westen der Balkanhalbinsel (Slowenien und Kroatien) ausstarb. Auf Sizilien war das bereits vor 1900 der Fall (BIJLEVELD 1974).

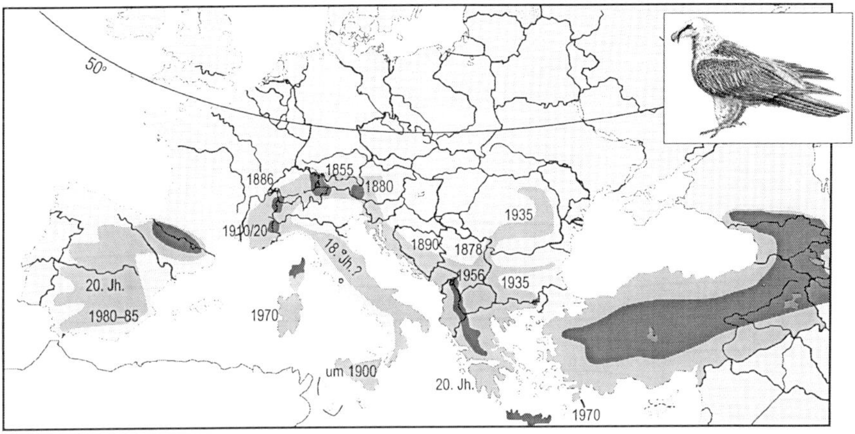

Abb. 4.7: Die einstige Verbreitung des Bartgeiers in Europa und seine hier Ende des 20. Jh. noch bestehenden Vorkommen. Die vier Verbreitungszentren im Alpenraum markieren das Umfeld der Freilassungsplätze (von E nach W) im Raurisertal (A), im Engadin (CH), in Hoch-Savoyen (F) und in Argentera-Merkantour (I/F), über das die Verbindung zur Population auf Korsika hergestellt werden soll. Erläuterungen s. Abb. 4.4. Zeichnung: N. KRANEIS.

Das Vorkommen in den Alpen erlosch in Deutschland 1855 (letztes erlegtes Exemplar bei Berchtesgaden), in Österreich um 1880 (Bruten noch 1877 in Vorarlberg, 1880 in den Karnischen Alpen und im Bregenzerwald), in der Schweiz um 1886 (letzte Bruten im Wallis 1862 und Graubünden 1886) und in den französisch-italienischen Westalpen um 1910, möglicherweise auch erst in den 20er Jahren. Ein 1913 im Aostatal erlegter Altvogel gilt als letzter autochthoner Alpen-Bartgeier (GLUTZ VON BLOTZHEIM et al. 1971, GAMAUF 1991, MINGOZZI & ESTEVE 1996). Meist jugendliche Vögel zeigten sich später bis in die Gegenwart — wie am 18.07.1982 im Raurisertal (HUMMEL 1983) — in einigen Alpenregionen (s. GLUTZ VON BLOTZHEIM et al. 1971 sowie FREY & WALTER 1988). Am ehesten dürften die Einflüge von Korsika her erfolgt sein.

Recht früh verschwand der Bartgeier von der nordwestlichen Balkanhalbinsel (Herzegowina 1890, Bosnien 1893 - MATVEJEV & VASIĆ 1973, VASIĆ et al. 1985), wobei die Besetzung durch Österreich und jagdliche Aktivitäten einzelner Militärs eine Rolle gespielt haben dürften (s. SCHNEIDER & BAUERNFEIND 1999). In den Karpaten (Rumänien) setzte nach dem I. Weltkrieg ein rapider Rückgang ein. Ob letzte Vorkommen (Fagaras, Retezat, Rodnaer Gebirge) wirklich bis 1935 oder gar 1940 (JACOBI 1957, GLUTZ et al. 1971) bestanden haben, ist fraglich, halten doch KLEMM &

KOHL (1988) alle Nachweise nach 1929 für unsicher. Eine angebliche Beobachtung zweier Bartgeier von 1961 beruht auf einer Verwechslung mit Schlangenadlern (BAUMGART 1990).

In Bulgarien erloschen regelmäßige Brutvorkommen gleichfalls um 1935 (BAUMGART 1989) und der letzte serbische Brutnachweis datiert von 1956 (MATVEJEV & VASIĆ 1973, VASIĆ et al. 1985). In Mazedonien, wo der Bartgeier bereits als ausgestorben galt, wurde er in den 80er Jahren erneut an mehreren Plätzen festgestellt, brütete jedoch 1984 letztmalig. Hinzu kamen erneute Beobachtungen in Serbien und in Montenegro (am 10.5.1992 ein Paar) an der Grenze zu Albanien (GRUBAČ 1994), wo es noch etwa 5 BP geben soll (HEREDIA & HEREDIA 1994). In den Gebirgen Griechenlands — hier war er zu Beginn des 20. Jh. sehr verbreitet — rechnete man vor einigen Jahren noch mit 20 BP. Heute gibt es hier kaum mehr als zehn Einzelvögel und höchstens 2–3 BP, vornehmlich im zentralen und südlichen Pindosgebirge (Parnassos und Giona), am Olymp und in Mazedonien (HALLMANN 1985, HANDRINOS 1998).

Damit ist der Bartgeier auf dem Balkan wesentlich bedrohter als auf der Pyrenäenhalbinsel, wo er vor 100 Jahren noch in allen Berglagen Spaniens, offenbar aber nicht in Ostportugal auftrat. Um 1970 gab es in den Pyrenäen nur noch etwa 30 BP (FISCHER 1974). Aus Andalusien verschwand er zwischen 1980 und 1985 (HEREDIA & HEREDIA 1991). Die seither jedoch stabilisierte Pyrenäenpopulation, zählte 1998 auf der spanischen Seite 70 BP und auf der französischen 22 BP. Sie nimmt jählich jeweils um 1–2 BP zu. In Andorra wurde ein von 1985 bis 1991 besetztes Revier inzwischen wieder aufgegeben (HEREDIA 1998, RAZIN 1998, HEREDIA & RAZIN 1998).

Außer Korsika (8–10 BP) und Kreta (9–12 BP) weist keine der großen Mittelmeerinseln mehr den Bartgeier als Brutvogel auf (FASCE et al. 1994, XIROUCHAKIS & GIANNATOS 1997). Von Sardinien — hier gab es zwischen 1900 und 1935 noch 20–45 BP — verschwand er vor 1970 (SCHENK et al. 1995), von einigen Ägäis-Inseln (Kykladen) weit früher (HANDRINOS 1985) und von Rhodos Anfang der 70er Jahre (COSSON 1985). Auf Zypern, wo er einst auch als Brutvogel galt (MEYBURG & MEYBURG 1987), ist er heute wohl nur ein gelegentlicher Gast (CRAMP & SIMMONS 1980), was die Unsicherheit einiger Verbreitungs- und Bestandsangaben unterstreicht. Im Kaukasus (ABULADZE 1997, ABULADZE & SHERGALIN 1998) und in der Türkei (KASPAREK 1992) weist er noch stabile Populationen auf.

Der Mönchsgeier ist in vielen Regionen fast unbemerkt ausgestorben. Auf Mallorca konnte das gerade noch verhindert werden (vgl. TEWES 1996), jedoch nicht auf Sizilien, Zypern (letzte Bruten um 1950, GENSBØL & THIEDE 1997) und Sardinien, wo nur ein Einzelvogel bis 1991 überlebte.

Wie weit seine Verbreitung in Europa einst nach Norden reichte, belegen Hinweise auf Bruten um die Mitte des 19. Jh. in der slowakischen Tatra und

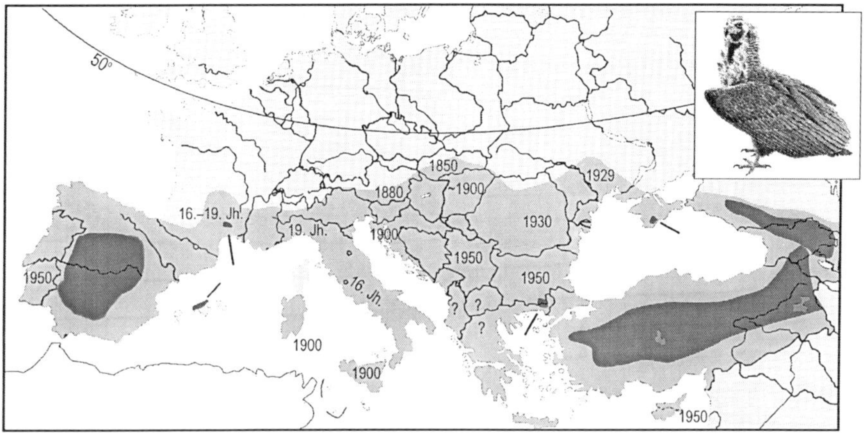

Abb. 4.8: Die einstige Verbreitung des Mönchsgeiers in Europa und seine hier ausgangs des 20. Jh. noch bestehenden Vorkommen. Erläuterungen s. Abb. 4.4. Zeichnung: N. KRANEIS.

in den österreichischen Südalpen. Doch bereits zwischen dem 16. und 19. Jh. hatte der Rückgang eingesetzt; erloschen seine Brutvorkommen im südlichen Frankreich (Auvergne) sowie wohl auch in Ungarn (Bakony Gebirge) und Italien (Angaben nach GLUTZ VON BLOTZHEIM et al 1971, FISCHER 1974). In den französischen Cevennen glückte seine Wiederansiedlung (s. Kap. 7.3).

In Kroatien (Kvarner Inseln) verschwand der Mönchsgeier Ende des 19. Jh. (SUŠIC 1998), aus der Fruska gora (Vojvodina) bald nach Entdeckung der Vorkommen durch RUDOLF VON ÖSTERREICH im Jahre 1878. In anderen Teilen Jugoslawiens hielt er sich vereinzelt bis in die 50er Jahre des 20. Jh. In Mazedonien gab es noch 1988 eine Brut (GRUBAČ 1998a, 1998b).

Ende des 19. Jh. war der Mönchsgeier in Rumänien noch weit verbreitet (Karpaten, weitere Gebirgszügen des Landesinneren und über die Dobrudscha bis Moldawien). Danach nahm er rapide ab; letzte Bruten sind für die Dobrudscha nur bis 1930 (keineswegs aber bis in die 60er Jahre) belegbar (CIOCHIA et al. 1998). In Bulgarien starb er wohl in den 50er Jahren aus (BAUMGART 1989), brütete aber 1993 erneut in den Südostrhodopen (MARIN et al. 1998). Diese Neuansiedlung steht mit der derzeit etwa 15–20 BP umfassenden Brutkolonie im weniger als 100 km entfernten Dadia-Forst (Griechisch-Thrakien), dem letzten Rückzugsgebiet der Art auf dem Balkan, in Verbindung (SPYROPOULOU 1998). Brutvorkommen in anderen Teilen der Balkanhalbinsel sind unwahrscheinlich.

Die Krim beherbergt vielleicht noch 4–5 Mönchsgeierpaare (SHHERBAKA 1994) und könnte evtl. von Zuflügen aus dem Kaukasus profitieren, wo der Geier noch ziemlich verbreitet ist. Im Westen der Türkei brüten noch 20–50 Paare (HEREDIA et al. 1998) und damit weit weniger als oft vermutet wird.

Die noch vor zwei Jahrzehnten stark gefährdete spanische Population zählt nach SANCHEZ (1998) inzwischen wieder über 1000 BP (Extremadura 455 BP, Alt- und Neu-Kastilien 215 bzw. 156 BP, Andalusien 148 BP, Region um Madrid 48 BP und Mallorca 10 BP). Von Spanien her könnte bald eine Wiederbesiedlung Portugals erfolgen, wo die letzten autochthonen Vorkommen zwischen 1940 und 1980 erloschen sind (MONTEIRO & ROCHA 1998). In Nordafrika, das zum ursprünglichen Verbreitungsgebiet aller vier europäischen Geierarten zählt, ist der Mönchsgeier als erster ausgestorben (TEWES 1995).

Gänsegeier brüteten im Mittelalter sogar im Rheingebiet zwischen Worms und Trier und im 18. Jh. — begünstigt durch die verbreitete Schafhaltung — noch auf der Schwäbischen Alb (SCHÜZ 1955). In der ersten Hälfte des 19. Jh. verschwand er auch aus weiten Teilen Südfrankreichs (z. B. den Corbieren), noch vor 1900 aus den See-Alpen und um 1946 aus den Cevennen. Auf dem italienischen Festland bereits vor 1900 ausgestorben, überdauerten Restbestände möglicherweise in den W- und E-Alpen länger. Von Sizilien verschwand er 1965. Er ist heute nur noch mit etwa 40 BP auf Sardinien ein italienischer Brutvogel (DENTESANI et al. 1989).

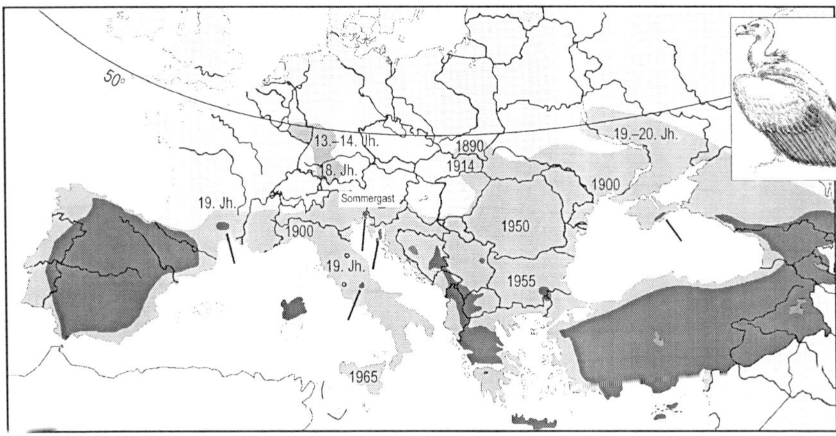

Abb. 4.9: Die einstige Verbreitung des Gänsegeiers in Europa und seine hier ausgangs des 20. Jh. noch bestehenden Vorkommen. Erläuterungen s. Abb. 4.4. Zeichnung: N. KRANEIS.

Tab. 4.2: Die gegenwärtigen Brutpopulationen (in BP) von Geiern in Europa, Kaukasien und der Türkei (1990er Jahre). ↓ Rückgang, ⬇ starker Rückgang, ↑ Zunahme, ⬆ starke bzw. stetige Zunahme, ↔ gleichbleibend. Angaben nach: VASIĆ et al. (1985), DONAZAR (1993), GRUBAČ (1991), MARINKOVIĆ & OLANDIĆ (1994), SHHERBAKA (1994), TUCKER & HEATH (1994) und ABULADZE (1997). Für Europa kommen noch möglicherweise 1–3 sporadisch in Moldawien und 2–6 in Rumänien brütende Schmutzgeierpaare sowie 1–2 BP des Gänsegeiers in Österreich (Salzburg) und 10–20 BP auf Zypern hinzu (s. a. Kap. 4.4.1).

Europa	**Schmutzgeier**	**Bartgeier**	**Mönchsgeier**	**Gänsegeier**
Portugal	↓ 30–60	-	-	↑ 200
Spanien	↓1350	⬆ 70	⬆ 1000–1100	⬆ 10500
Frankreich	↓ 60–70	↑ 30	↑ (0–5)	⬆ 350
Italien	⬇ 7–10	↑ 1-2	-	↔ 40
Kroatien	↓ 0–5	-	-	↔ 120–150
Jugoslawien	↓ 0–5	-	-	↓ 20–30
Bosnien-Herzeg.	↓ 0–5	-	-	↓ 15–20
Mazedonien	↔ 60	↓ 0–1	(1–2)	↓ 35
Albanien	↓ 50–100	↓ 0–5	-	↓ 50–200
Griechenland	↓150–200	↓ 10–12	↔ 15–20	↓ 80–130
Bulgarien	↓ 50–60	-	↑ 1–2	↑ 10–15
Ukraine	-	-	↓ 0–5	↓ 2–4
Gesamt	~ 1750–1900	~ 110–120	~ 1000–1150	~ 11500–12000
Kaukasien				
Europ. Russland	↓ 120–140	↔ 45	↓ 30–50	↔ 100
Georgien	↔ 150	↔ 22–25	↓ 15–20	↔ 70
Armenien	↔ 40–50	↔ 12–15	↔ 15–25	↔ <30
Aserbaidschan	↔ 200	↔ 25–30	↔ 100	↔ 50–80
Gesamt	~ 500–550	~ 100–120	~ 160–200	~ 250–300
Türkei	1000–5000	100–500	100–500	100–1000

Um oder kurz nach der Wende zum 20. Jh. erloschen die relativ weit vorgeschobenen Brutvorkommen des Gänsegeiers in SE-Polen, der W-Ukraine und in Moldawien (GLUTZ et al 1991). Im Westen der Balkanhalbinsel (Kroatien, Jugoslawien, Mazedonien und Albanien) reduzierten sich seine Bestände, während er in Rumänien und Bulgarien um 1955 abrupt ausstarb (KLEMM & KOHL 1988, BAUMGART 1989). Seit 1980 brütet er aber wieder in Bulgarien. Auf dem griechischen Festland verteilen sich die stark reduzierten Bestände des Gänsegeiers auf mehrere verstreute Restvorkommen. Von den landesweit nur noch 80–130 BP (HALLMANN 1985, ARROYO 1994, TEWES 1995) entfällt fast die Hälfte auf Kreta. Auf anderen Ägäis-Inseln gibt es wohl keine Vorkommen mehr. Die Gänsegeier der Krim (2–4 BP nach SHHERBAKA 1994) erhalten sich wohl durch Zuflug aus dem Kaukasus.

In Westeuropa hat sich die Situation des Gänsegeiers dagegen neuerdings erheblich verbessert. Er nahm in Spanien, wo er wieder in allen Landesteilen brütet (DONAZAR 1993) sowie in den französischen Pyrenäen erheblich, in geringerem Maße auch in Portugal zu. Wiederansiedlungen glückten in den Cevennen, in Norditalien und im Apennin (s. Kap. 7.3).

4.4.2 Die gegenwärtige Bestandssituation

Angaben zur derzeitigen Bestandssituation von Geiern in den einzelnen Ländern sind bezogen auf die Brutpaare (BP) in Tab. 4.2 zusammengefasst. Kaukasien und die Türkei werden separat ausgewiesen, weil sie europäische und asiatische Vorkommen umfassen und die Zahlen im Falle der Türkei lediglich auf groben Schätzungen beruhen.

Bisweilen verteilen sich die Vorkommen von Geiern eines Landes auf mehrere getrennte Gebiete. Bartgeier brüten in Frankreich nicht nur in den Pyrenäen und auf Korsika, sondern seit 1997 auch wieder in den Alpen. In weiteren Staaten (Spanien, Italien und Griechenland) ist zwischen Festlands- und Inselvorkommen zu unterscheiden. Auf den Verbreitungskarten (Abb. 4.4–4.7) werden nicht nur die derzeitigen Vorkommen einschließlich erfolgreich verlaufener Wiederansiedlungen, sondern auch die Anfang des 19. Jh. noch besetzten Areale ausgewiesen und Datierungen letzter Vorkommen vermerkt.

4.5 Zugvögel - Strichvögel - Standvögel

Nur der Schmutzgeier ist in Europa ein ausgesprochener Zugvogel. Die drei großen Arten gelten dagegen als Stand- und Strichvögel (BEZZEL 1985). Wanderungen führen bei ihnen meist nicht brütende, überwiegend jugendliche Vögel aus, die so die Nahrungskonkurrenz in den Horstgebieten vermindern. Sie streifen zudem zur Reviersuche („Jugendstrich“) oft weit umher. Dabei regelmäßig berührte Zonen zählen folglich mit zum potentiellen Verbreitungsgebiet der jeweiligen Art.

4.5.1 Wanderungen der großen Geier

Nahezu ganzjährig ins Brutgeschäft eingebunden (s. Kap. 6.2), können Altvögel der drei großen europäischen Geier das weitere Umfeld ihrer Horstgebiete kaum verlassen, leben folglich als ausgesprochene Standvögel. Einst wurde dies durch die gerade im Winter hohe Huftiersterblichkeit begünstigt, während Nahrungsengpässe vor allem im Sommer vorprogrammiert schienen.

Wenn nicht brütende, meist jugendliche Gänsegeier zur Brutzeit die Horstgebiete räumen, verbessert dies in erheblichem Maße das Nahrungsangebot zur Jungenaufzucht. Die saisonalen Ausweichgebiete kroatischer Vögel liegen seit jeher in den nur ca. 150 km entfernten Ostalpen. Vögel der Pyrenäen wandern innerhalb dieses Gebirgszuges oder nach Südfrankreich ab (FREY & WALTER 1981, DENTESANI et al. 1989, GAMAUF 1991).

Jugendliche Gänsegeier vom Balkan flogen darüber hinaus aber auch bis in den Nahen Osten, nach Arabien und Zentralafrika (SUSIC 2000) und kehrten erst im Erwachsenenalter zu ihren Ursprungskolonien zurück. Vögel aus den Pyrenäen verstrichen zu rund 90 % nach Südspanien und ab Oktober in großer Zahl (bis 4000 Ex.) über die Straße von Gibraltar nach Afrika (BERNIS 1983, GRIESINGER 1998). Ähnliche Entlastungen der Brutgebiete sind auch für Jungvögel afrikanischer *Gyps*-Arten bekannt (HOUSTON 1976).

Jugendliche spanische Mönchsgeier sind dagegen sehr standorttreu und entfernten sich höchstens bis zu 270 km von ihrer Herkunftskolonie (DONAZAR 1993). Osteuropäische und asiatische Vögel neigen dagegen wohl stärker zu Wanderungen. Sie traten früher regelmäßig sowohl in Mitteleuropa (so ein erschöpfter Mönchsgeier noch am 6.8.1956 auf Rügen) als auch in Afrika (bis Sudan), Indien und China auf. In „Junggesellentrupps" vagabundierend nutzen sie lokal anfallende Nahrungsangebote (BAUMGART 1981). Im Sommer 2000 wurde ein Vogel unbekannter Herkunft in den Niederlanden festgestellt.

Jugendliche Bartgeier streifen im Gegensatz zu den standorttreuen Brutpaaren (HIRALDO et al. 1979), auf der Nahrungs- und Reviersuche oft weit umher. Ihr Einzugsbereich kann in den Pyrenäen 10000 km² erreichen. Verfliegen sie sich, kommen sie oft um. Solche jugendlichen Bartgeier zeigten sich bis in die Gegenwart in den Alpen (s. Kap. 4.4.1), überquerten die Straße von Gibraltar (1 Expl. am 16.6.1996 - RAZIN 1997) und gelangten — wie ein Individuum aus dem Kaukasus (20.10.1980) — an die nördliche bulgarische Schwarzmeerküste (BAUMGART 1989). Einen der in den Alpen freigelassenen Vögel verschlug es 1994 an die Atlantikküste bei Rochefort/Frankreich (FREY & LLOPIS 1998) sowie 1997 zwei und 1998 einen sogar in die Niederlande. In einem der Fälle verlor sich die Spur letztlich in Schleswig-Holstein. 1999 sah man einen in Dänemark. Nur der

Bartgeier von 1998 kehrte — allerding innerhalb von vier Tagen — wieder von alleine nach Hoch-Savoyen zurück (LOUWMAN 1998).

4.5.2 Der Zug des Schmutzgeiers

Europäische Schmutzgeier verweilen als Zugvögel heute meist nur von Ende März bis Mitte September im Brutgebiet. Zu Beginn des 20. Jh. konnte sich das länger hinziehen (Ende Febr./Mitte Okt.) (s. Kap. 5,1 und 6.2). Der „Bettelflug", der schon ab Ende August mit den Eltern ins afrikanische Winterquartier abziehenden Jungvögel, verlagert sich so unter deren Betreuung mit auf den Zug. Sie bleiben meist 4–5 Jahre im Winterquartier und kehren erst als geschlechtsreife Vögel in die Brutgebiete zurück. Neuerdings scheint der Anteil früher, teilweise noch im Jugendkleid zurückkehrender Vögel aber zuzunehmen (BAUMGART 1994, BAUMGART et al. 1995, YOSEF & ALON 1997, URCUN & BRIED 1998).

Rückläufige Zahlen ziehender Schmutzgeier verdeutlichen ihren Bestandsschwund. Waren es Anfang der 70er Jahre bei Gibraltar noch 5000–6000 durchziehende Exemplare, zählte man Ende des gleichen Jahrzehntes bei zwei Erhebungen lediglich 1300 bzw. 2114 Vögel (BERNIS 1980). Das Cap Bon (Sizilien) überfliegen nur noch wenige. Am Bosporus sind es zwar, wie am Belen-Pass in der Südtürkei, an bestimmten Tagen über Hundert. Innerhalb einer Zugperiode bleiben es aber unter Tausend (KASPAREK 1992). Die kaukasischen und vorderasiatischen Vögel sind auf ihrer Zugroute östlich des Schwarzen Meeres kaum erfassbar.

In Europa überwintern Schmutzgeier gelegentlich dort, wo sie regelmäßig Schlachtabfälle vorfinden oder sich, wie in Asturien, Navarra und im Coto Doñana (sowie früher wohl auch regelmäßiger auf dem Südbalkan) Gänse- und Mönchsgeiern anschließen können. Im Verlauf mehrerer milder Winter entstandene standorttreue Lokalpopulationen werden meist in den darauf folgenden Kältewintern wieder vernichtet (NIETHAMMER 1967). Nur im milden Klima von Menorca und der Kanaren sind Schmutzgeier Standvögel (CONGOST & MUNTANER 1974, CRAMP & SIMMONS 1980, FORSMAN 1999).

4.5.3 Geier als Gäste in Mitteleuropa

Gänse- und Mönchsgeier erschienen, nachdem hier ihre Brutvorkommen weitgehend erloschen waren, im 19. Jh. noch regelmäßig vor allem während der Sommermonate in Mitteleuropa, sowie auch weiter nach Norden und Westen bis Großbritannien, im Baltikum, in Schweden und Finnland (ein Mönchsgeier im Sommer 2000 in den Niederlanden). Bartgeier verflogen sich nach Portugal, Süddeutschland, Tschechien und in die Slowakei. Schmutzgeier waren mit weniger als 30 Nachweisen, davon sechs für Deutschland (BEZZEL 1985, RINGLEBEN 1985), in Mitteleuropa stets nur seltene Gäste (Zusammenstellung bei GLUTZ et al. 1971, HUDEC & ČERNÝ 1977, CRAMP & SIMMONS 1980). Ansiedlungen unterblieben hier aus den bereits besprochenen Gründen (s. Kap. 4.1).

Im 20. Jh. sind Nachweise noch rarer geworden. Die Liste der Vögel Deutschlands (BARTHEL 1993) schließt alle vier europäischen Geierarten mit dem Hinweis ein, dass Feststellungen nach 1950 wohl überwiegend Gefangenschaftsflüchtlinge betreffen. Regelmäßige Einflüge von Bartgeiern lassen jedoch eine Wiederansiedlung in Deutschland für möglich erscheinen (ZINK 1999a).

4.5.4 Zugverhalten und Management

Unterschiede im Zugverhalten europäischer Geier müssen auch bei der Auswahl von Vögeln für Wiederansiedlungsprojekte beachtet werden (s. Kap. 4.5.1). Mit „Projektvögeln“, die erfahrungsgemäß zum Ziehen neigen und deren angeborene Zugrichtung (orientiert an den Verhältnissen im Herkunftsgebiet) zudem noch in großflächige Siedlungsräume, Waldgebiete oder gar zu Meeren weist, erscheinen Misserfolge oft geradezu vorprogrammiert.

Die Überlebensrate der Bartgeier des Wiederansiedlungsprojektes ist hoch (s. Kap. 7.3), weil sie den Alpenraum, von Ausnahmen abgesehen, kaum verlassen (FREY 1997). In den letzten Jahren mit gewisser Regelmäßigkeit über relativ große Entfernungen nach Norden (Niederlande, Deutschland, Dänemark) verstreichende Jungvögel, werfen aber nunmehr Fragen auf (Abb. 4.10). Dabei gilt es zu prüfen, ob nicht einige im Projekt stehende Zuchtvögel eine in ihrem Herkunftsgebiet durchaus vorteilhafte genetisch fixierte „Zugveranlagung“ weiter vererben, die sich aber im gegebenen Projektrahmen als problematisch erweist.

Auch von den in den Cevennen freigelassenen jungen Mönchsgeiern streiften einige viel weiter umher als andere und wurden beispielsweise schon in 1200 km Entfernung an der Südspitze Spaniens gesehen. Hier könnte gleichfalls eine solche „Zugveranlagung“ aus Gefangenschaftszuchten mit Altvögeln unbekannter (evtl. asiatischer) Herkunft eine Rolle spielen. Drei von vier sich so verhaltenden Vögeln kamen inzwischen um (TERRASSE & BAGNOLI 1998, TEWES et al. 1998a).

Die Gänsegeier des Cevennen-Projektes, die vornehmlich aus den Pyrenäen und Spanien stammen, zeigten eine enge Bindung an ihre Futterplätze und wenig Neigung zum Abwandern, was Verluste äußerst gering hält (TERRASSE & BAGNOLINI 1998, TEWES et al. 1998a). Beim Schmutzgeier

Abb. 4.10: Der Bartgeier „Gelas“, freigelassen 1997 in Mercantour, verschlug es 1998 aus Hoch-Savoyen in die Niederlande, wo er zwischen dem 12. und 19.5. an mehreren Plätzen im Küstenbereich nördlich bis Texel verzeichnet wurde. Am 24.5. stellte er sich wieder in Hoch-Savoyen ein, wo er letztmalig am 4.5. gesehen worden war. Der Vogel, auf dem Bild in den Niederlanden von Rabenkrähen attackiert, war an seiner Flügelmarkierung eindeutig zu identifizieren und in gutem Zustand. Er wurde in den Niederlanden beim Kröpfen an Kaninchenkadavern beobachtet. Foto: R. Pop.

verheißen entsprechende Projektvorhaben in Europa dagegen schon auf Grund seines ausgeprägten und zudem regional recht differenzierten Zugverhaltens kaum Erfolg. Denn es dürfte ungemein schwierig sein, Vögel mit der „passenden Zugveranlagung“ für die jeweiligen Ansiedlungsgebiete zu finden.

5 Ernährung - Raum- und Ressourcennutzung

Erst ihre Ernährung und die dabei zu verzeichnenden Formen der Raum- und Ressourcennutzung offenbart den Leistungsbezug und Anpassungswert vieler morphologischer Merkmale von Geiern, die sich teilweise wechselseitig bedingen oder ausschließen (s. Kap. 3). Das Nahrungsangebot für Aasfresser ist so vielfältig, dass es eine einzige Art nicht effektiv zu verwerten vermag. Selbst die einzelnen Geierarten agieren nicht immer einheitlich, sondern zeigen unterschiedliche Lebensformen.

5.1 Lebensformen als Sonderwege in der Ernährungsweise

Welchen Grad der Differenzierung Geier erreichen, zeigt sich am Beispiel des Schmutzgeiers besonders deutlich. Er kann sich als

- Suchflieger und Sammler in offenen Landschaften verteilt anfallender Kleintierkadaver und Tierkörperteile („Wildnisgeier"),
- Resteverwerter auf unterer Hierarchiestufe von Geiergesellschaften und
- Abfall- und Müllverwerter in hygienisch vernachlässigten Siedlungsbereichen und deren Umfeld ernähren.

Zwischen diesen Lebensformen sind die Übergänge fließend. Ursprünglich dürften Schmutzgeier — ernährungsmäßig vom Menschen weitgehend unabhängig und ausgesprochen territorial — wohl als „Wildnisgeier" gelebt haben. Da ihre Suchflüge nur bei hoher Lichtintensität Erfolg verheißen, weilen so lebende Geier nur rund 160 Tage (80 Tage vor und nach der Sommersonnenwende) im europäischen Brutgebiet (BAUMGART 1994).

Die Bartgeier der Pyrenäen formen nach ihrer Ernährungsweise auf relativ engem Raum drei Gruppen:

- Bewohner der Hochlagen, die sich fast ausschließlich von Wildtieren, vor allem Gämsen, ernähren,
- Bewohner der Vorberge, die auf Weidevieh angewiesen sind und
- Bewohner separater Gebirgsstöcke, die zu ihrer Ernährung vornehmlich Abfall- und auch Futterplätze nutzen.

Die ausgeglichene Ernährungslage der Bartgeier in den Hochlagen begründet nach HEREDIA (1986, 1998) und HEREDIA & HEREDIA (1991) den meist hohen Bruterfolg (s. Kap. 6.8).

Wo Futterplätze regelmäßig beschickt werden, erlangen sie für Geier (insbesondere aber für Bart- und Schmutzgeier) die Bedeutung früherer Wasenplätze (Kadaverdeponien). Ohne diese fehlte einst in den Karpaten im Winter wohl die Ernährungsgrundlage für den Bartgeier. Am Wasenplatz von Kronstadt fanden sich an einem kalten Wintertag des Jahres 1860 beispielsweise 14 Bartgeier ein (JACOBI 1957). Futterplätze in den spanischen Pyrenäen werden heute an einem Tag gleichfalls von über 20, vornehmlich jugendlichen Bartgeiern aufgesucht (HEREDIA & HEREDIA 1991). Bartgeier der Alpen beginnen bereits wieder, Abfallplätze von Berghütten und Restaurants (so beispielsweise am Stilfser Joch) aufzusuchen.

Mönchs- und Gänsegeier sind in ihren Lebensformen nicht so variabel. Durch Probleme beim Auffliegen weniger „fluchtbefähigt" als Schmutz- und Bartgeier, suchen sie in Europa selbst Plätze hoher Nahrungsdichte im menschlichen Umfeld kaum auf.

5.2 Raumnutzung - welche Aktionsbereiche benötigen Geier?

Anthropogen bedingte Zunahmen der Nahrungsdichte können zu erheblichen Veränderungen in den Lebensformen einzelner Geierarten führen. Vorstellungen zur ursprünglichen Ausdehnung ihrer Aktionsräume sind daher oft nur in von Menschen weitgehend unbeeinflussten Gebieten und Lebensräumen (Pyrenäen, Kaukasus, Teile des Balkans) zu gewinnen.

Schmutzgeiern, die als träge und teilweise gesellige Abfallverwerter einst in Siedlungsbereichen auftraten, stehen sehr aktive Kleingutsammler („Wildnisgeier") gegenüber, deren intensiv genutzte Einzugsbereiche sich aber meist nur 4–5 km um den Horst (50 km²) erstrecken. Attraktive Nahrungsplätze werden auch über weitere Entfernungen (bis zu 15 km, kaum aber über 40–70 km) angeflogen. Diese Schmutzgeier verteidigen zudem gegenüber fremden Artgenossen Bereiche bis zu 500 m um ihre Horste, zwischen denen meist eine Entfernung von über 1,5 km besteht (LEVY 1990, BAUMGART 1991b, DONAZAR 1993).

Europäische Bartgeier haben Aktionsräume („home ranges"), die in gebirgigen Landschaften (Pyrenäen und Kaukasus) meist ein abgeschlossenes Haupttal mit Seitentälern (10 x 10–30 km) und einer Fläche von 100–300 km² umfassen (BAUMGART & FISCHER 1978, SUETENS 1989, HEREDIA & HEREDIA 1991). Die Siedlungsdichte erreichte in den spanischen Pyrenäen Ende der 1980er Jahre 0,60 BP/100 km² und in den französischen Pyrenäen 0,23 BP/100 km². 1998 waren es, bezogen auf die gesamte in den Pyrenäen besiedelte Fläche (29400 km²), 0,32 BP/100 km² (HEREDIA & RAZIN 1998). Auf Korsika erreichte die Dichte sogar 1,4–2,0 BP/100 km² (FASCE 1983). Die Vögel entfernen sich kaum mehr als 20–25 km (höchstens 40 km) von ihren Horsten, zwischen denen in den Pyrenäen Abstände von 8–36 km ($\bar{x}$ = 24) und auf Korsika von nur 4,7–9 km liegen. Sie verteidigen ein Horstumfeld von einigen hundert Metern bis zu mehreren Kilometern, wobei einzelne Vögel sehr unterschiedlich reagieren.

Mönchsgeier können Aktionsräume von regional unterschiedlicher Ausdehnung nutzen, was jedoch auch vom gleichzeitigen Vorkommen anderer Geierarten abhängt. Insgesamt sind die Aktionsräume aber relativ eng umrissen. Zumeist wird ein Bereich von rund 50 m um den Horst verteidigt. Die Horstabstände betragen günstigstenfalls 300–400 m.

Die meist mit anderen Paaren gemeinsam zur Nahrungssuche genutzten Aktionsräume um den Horst beziffert DONAZAR (1993) in Spanien auf 25–30 (auch 40) km. Analog geben BAUMGART & FISCHER (1978) für Paare im Kaukasus 20 km an. In den mongolischen Steppen trifft man (sofern sie nicht kolonieweise brüten) alle 15–30 km auf ein Mönchsgeierpaar (BAUMGART 1981). Auf Mallorca suchen Mönchsgeier offenbar die gebirgige Nordwestseite in ihrer gesamten, linearen Ausdehnung von rund 90 km nach Nahrung ab (TEWES 1996).

Gänsegeier brüten in ihren Kolonien oft schon in wenigen Metern Abstand voneinander, verteidigen ihre Horste meist wohl nur auf „Hackdistanz". Der Radius der von Gänsegeiern gemeinsam zur Nahrungssuche um die Kolonien genutzten Aktionsräume wird (je nach Kadaveranfall) mit 25 km für die Extremadura (KÖNIG 1974) und 50–70 km für die Pyrenäen (DONAZAR 1993) angegeben, ohne dass damit die Möglichkeiten der *Gyps*-Arten, vor allem in Notzeiten, völlig ausgeschöpft sein dürften.

Denn in Afrika ermittelte PENNYCUICK (1983) z. B. zwischen Horsten und aufgesuchten Kadavern Entfernungen von 140 km. HOUSTON & COOPER (1975) halten 240 km (und Aktionsräume von 180000 km²) teilweise für erforderlich, damit die Geier während der Trockenzeit überhaupt den Kontakt zu den weit umherstreifenden Herden halten können. Nicht brütende israelische Gänsegeier fliegen nicht nur regelmäßig nach Syrien und Jordanien, sondern auch bis in die Türkei (BAHAT pers. Mitt.). BROWN & AMADON (1968) veranschlagen die von Gänsegeiern täglich zurückgelegte Flugstrecke (ohne Berücksichtigung der überbrückten Entfernungen) auf 320–480 km.

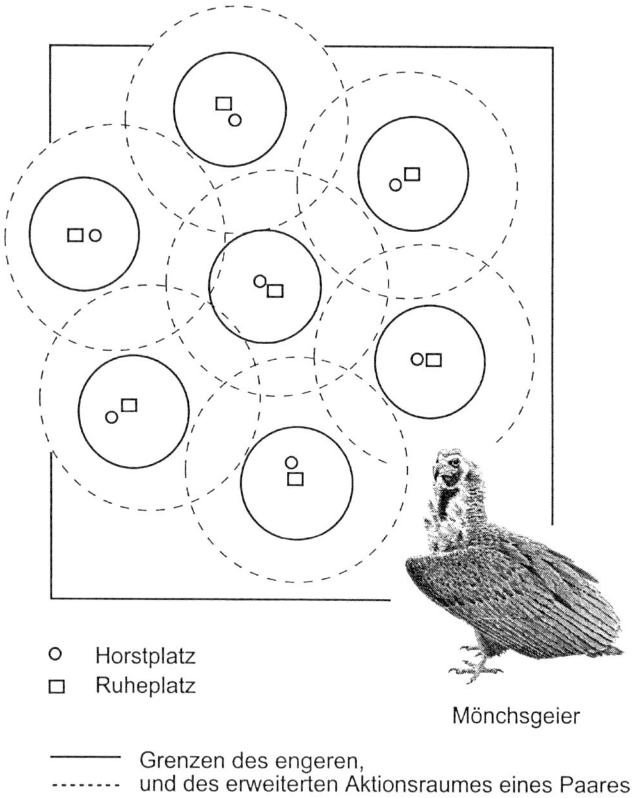

Abb. 5.1: Unterschiedliche Formen der Raumnutzung von Mönchs- und Gänsegeier. Als solitäre Kadaververwerter haben Paare des Mönchsgeiers, die meist einzeln brüten und ruhen, eigene Aktionsräume, die sich aber mit denen anderer Paare überschneiden können. Gänsegeier als gesellige (sozialhierarchische) Kadaververwerter mit ausgedehnten, gemeinsam genutzten Aktionsräumen brüten in Kolonien und nächtigen auch gemeinsam. Zeichnungen: N. KRANEIS.

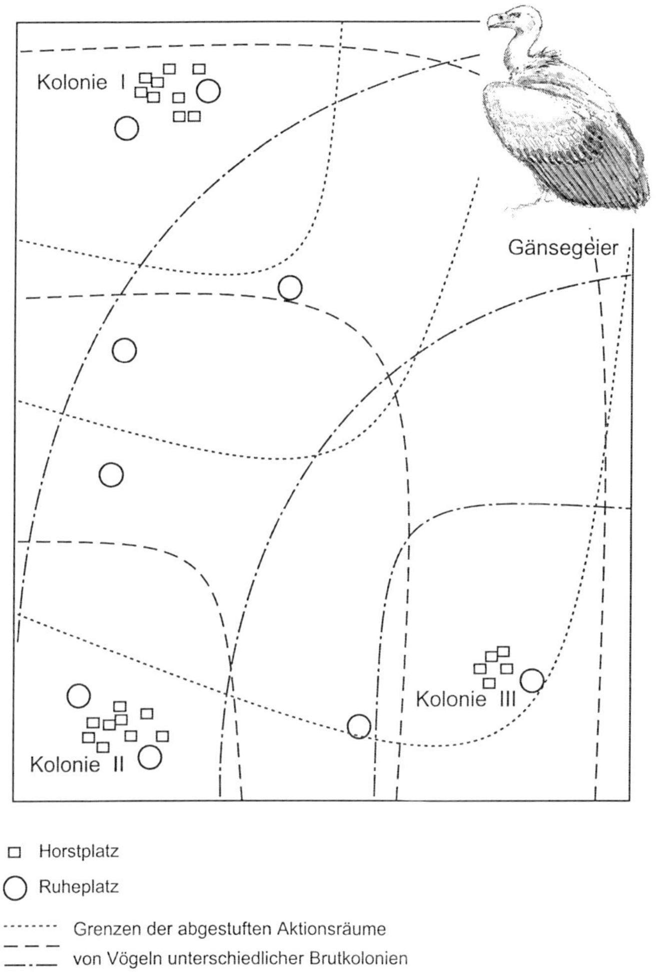

5.3 Wie betreiben Geier die Nahrungssuche?

Da die einzelnen Geierarten in unterschiedlich strukturierten Aktionsräumen verschiedene Nahrungsobjekte bevorzugen, sind auch ihre Suchstrategien im räumlichen und zeitlichen Ablauf sehr differenziert.

5.3.1 Aktivitätszeiten

Die Effektivität der Nahrungssuche von Geiern hängt maßgeblich von Wetter- (Wind und Thermik) und Sichtverhältnissen (Lichtintensität und Bewölkung) ab. Ihre Aktivität konzentriert sich daher meist auf die Tagesmitte.

Früh — oft schon kurz nach Tagesanbruch — setzt die Aktivität der weniger thermikabhängigen Abfallsammler ein, die sich über den ganzen Tag erstrecken kann. Gänsegeier mit ihrer beachtlichen Flächenbelastung starten dagegen meist erst am späten Vormittag (gegen 10 Uhr) mit Einsetzen der Thermik. Mönchsgeier fliegen zwar schon in den Morgenstunden (ab 7 Uhr) im erweiterten Horstumfeld. Ihre volle Aktivität setzt aber gleichfalls erst nach 9 Uhr ein.

Zur Nahrungssuche benötigen Gänsegeier auf der Pyrenäen-Halbinsel täglich 7–8 h und Mönchsgeier 7–11 h (HIRALDO 1977, LECONTE 1977). Mazedonische Bartgeier waren im Sommer, einschließlich Ruhepausen, gar 12–14 h, im Winter nur 5–9 h unterwegs (GRUBAČ 1991). Sie flogen, abgesehen von Perioden nahezu absoluter Windstille, bei fast jedem Wetter (Nebel, leichtem Regen und Schneefall).

Die Aktivzeit des Schmutzgeiers ist mit täglich rund 5 h wesentlich geringer. Sie liegt nach DONAZAR (1993) unter 45 % der mittleren täglichen Sonnenscheindauer, während es bei den großen Arten stets über 60 % sind. Von entscheidender Bedeutung für diese geringe zeitliche Aktivität des Schmutzgeiers sind offenbar weder ein geringer Nahrungsbedarf oder unzureichende Thermikverhältnisse, sondern dass er zur Nahrungssuche eine hohe Lichtintensität benötigt. Bei trübem Wetter sind diese Geier daher sehr inaktiv (s. Kap. 3.5).

5.3.2 Jede Geierart geht anders vor

Die beim Nahrungssuchflug gewählte Höhe hängt von der Größe der von den einzelnen Arten bevorzugten Nahrungsobjekte ab und ist zugleich ein wesentliches Kompartiment der Raumnutzung. Pauschalierte Angaben, meist wird ein Rahmen von 200–2000 m genannt (FISCHER 1974), sind daher wenig aussagefähig.

Schmutz- und Bartgeier bleiben bei der Suche nach verteilt anfallenden kleineren Nahrungsobjekten zumeist unter 100 m Höhe. Erstere kreisen lediglich in den lichtintensiven Mittagsstunden, in denen sie ihre Sehschärfe voll entfalten können (s. Kap. 3.5) ungemein hoch (500–1000 m). Bartgeier werden vor allem am Vormittag hoch fliegend gesehen, wenn sie nach neuen Nahrungsquellen Ausschau halten. Bleibt dies erfolglos, suchen sie bekannte Plätze erneut auf oder beginnen mit niedrigen Suchflügen (s. Kap. 3.2.1). Sie bleiben dann zu 36 % ihrer Flugzeit unter 8 m und zu 58 % zwischen 20–100 m (BROWN 1988) bzw. zu 80 % unter 50 m (COTON 1994).

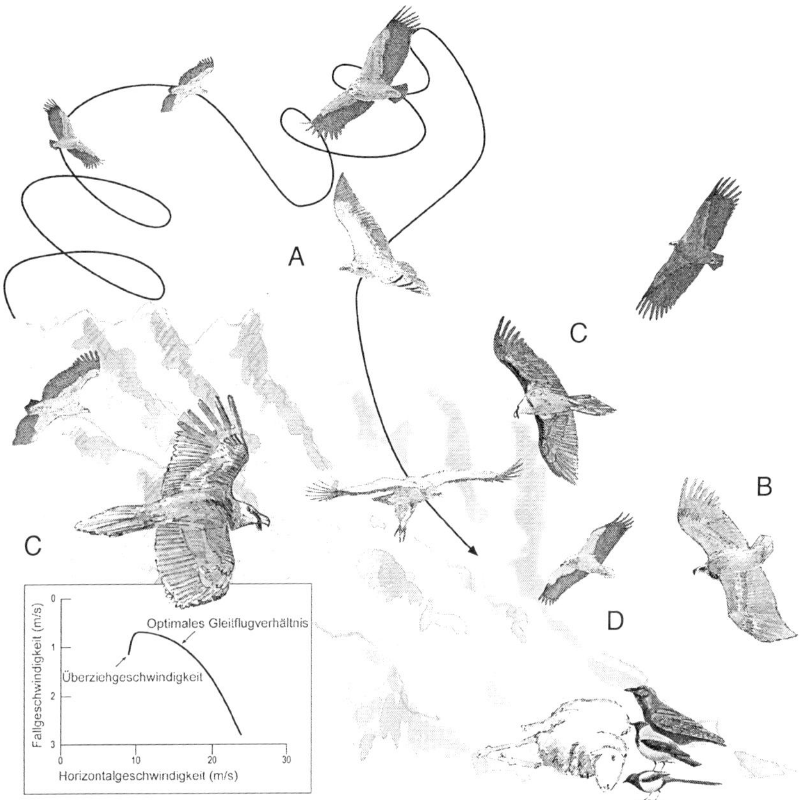

Abb. 5.2: Unterschiedliche Formen der Nahrungssuche bei Geiern. Gänsegeier (A) kontrollieren weite Räume, indem sie sich von der Thermik kreisend in die Höhe tragen lassen und dann abgleitend den Einzugsbereich wechseln. Unter optimalen Bedingungen erreichen sie mit einer Fallgeschwindigkeit von 1 m/sec. eine horizontale Abgleitgeschwindigkeit von ca. 15 m/sec. (s. eingefügtes Schema von PENNYCUICK aus MUNDY et al. 1992). Mönchs-, Bart- und Schmutzgeier (B, C, D) haben begrenztere Aktionsräume und fliegen weniger hoch. Den Landeanflug bremsen Gänsegeier durch Ausstrecken der Beine, Mönchsgeier zusätzlich durch Aufstellen des Schwanzes ab. Rabenvögel (Kolkrabe, Krähen und Elstern) finden sich meist zuerst an Kadavern ein und sind für Geier wichtige Anzeigevögel. Großtierkadaver können sie dann gemeinsam verwerten. Zeichnung: N. KRANEIS.

Beim Mönchsgeier, der die Nahrungssuche auch von Sitzwarten aus betreibt, sind es meist unter 100 m. Lediglich Gänsegeier gehen bei ihrer, weite Gebiete einschließenden Nahrungssuche, wesentlich höher und entschwinden, regelmäßig 500–1000 m über den Grund aufsteigend, schnell aus dem Gesichtsfeld.

Bei der Nahrungssuche beachten Geier alle Gegebenheiten ihrer Aktionsräume. Sie nutzen die Topographie des Terrains, tageszeitlich wechselnde Wind- und Thermikverhältnisse, kennen Weidegebiete des Viehs und Einstände des Wildes. Die täglichen Suchflüge folgen streng festgelegten Routen. Neu angelegte Futterplätze werden bisweilen erst nach Monaten im Ergebnis von Änderungen im Suchflugablauf, voll akzeptiert (Scott & Anderson o. J.). Verschlägt es Geier in unbekannte Gebiete, sinken ihre Überlebenschancen rapide.

„Hochkreiser", wie Gänsegeier, sind auf die Kooperation mit „Suchfliegern", die aus geringer Höhe das Terrain absuchen, angewiesen. Zu diesen zählen Bart- und Schmutzgeier, Rabenvögel (Raben, Krähen und in buschreichem Gelände auch Elstern) sowie andere Kadaververwerter (Wolfsrudel, Hunde, Großgreifvögel etc.), die sie stets im Auge behalten. Bei trübem Wetter schließen sie sich auch Mönchsgeiern an, die von ihnen wiederum bei Schönwetter profitieren. Durch Gänsegeier erhalten sie Hinweise auf Kadaver im weiteren Umfeld. Weil es auf Mallorca außer Raben keine Krähenvögel gibt, sind Mönchsgeier hier bei der Kadaversuche meist auf sich allein gestellt. Sie finden zwar 80 % der in der Regel offen liegenden Kadaver von Schafen, jedoch nur zu 50 % die der buschreiches Gelände bevorzugenden Ziegen (Tewes 1996).

Die sehr vorsichtigen Gänsegeier lassen bisweilen Tage verstreichen, bevor sie einen Kadaver annehmen. Ihr Misstrauen überwinden sie aber eher, wenn andere Kadaververwerter, meist Raben, eine Blut freisetzende Öffnung schlagen. Bartgeier befassen sich dagegen mit gefundenen Nahrungsobjekten meist sofort und sehr intensiv (Frey pers. Mitt.).

5.4 Das Spektrum der Nahrungsquellen

Die einzelnen Geierarten verwerten unterschiedliche Nahrungsobjekte. Zwischen deren Größe und Vielfalt sowie der Ausdehnung der Einzugsbereiche besteht eine enge Beziehung.

Der Schmutzgeier nutzt innerhalb enger Aktionsräume ein weites, im einzelnen oft kaum ermittelbares Nahrungsspektrum. In Schmutzgeierhorsten gesammelte, mit Weichteilen und Innereien (Schlachtabfällen) eingetragene Knochenteile stammten meist von Haustieren. Ihre Gewichtsgrenze liegt bei rund 500 g.

Abb. 5.3: Bartgeier als Knochenfresser. Wenn andere Geier Fleisch und Weichteile eines Kadavers bis auf die Knochen aufgefressen haben, ist für den Bartgeier der Tisch noch immer reich gedeckt (aus BERG 1931).

Im Gelände außerhalb der Siedlungsbereiche findet der kleine Geier außerdem tote oder wenig fluchtbefähigte Kleintiere in unglaublicher Vielfalt (Fische, Amphibien, Reptilien, Säuger von Maus- bis Kaninchengröße und Vögel), die teilweise auch zu Fuß aufgelesen und gekröpft oder zum Horst getragen werden. Auch Insekten (Heuschrecken), Schnecken und Muscheln hatte der Schmutzgeier bereits im Kropf (DOMBROWSKI 1912, HARTERT 1912–21, BROWN & AMADON 1968, LEVY & MENDELSSOHN 1989, BAUMGART 1991c, DONAZAR 1993). Junge Schildkröten (*Testudo graeca*) bildeten einst in Montenegro die Hauptnahrung und sind im Dadia-Forst (Griechisch-Thrakien) noch heute eine wesentliche Nahrungskomponente (VLACHOS et al. 1998).

Bartgeier stimmen im Vorgehen bei der Nahrungssuche prinzipiell mit dem Schmutzgeier überein, nutzen aber viel größere Nahrungsobjekte in wesentlich ausgedehnteren Aktionsräumen. Futterbrocken (wie Nistmaterial) von 2–3 kg führt er mühelos im Fluge mit, schafft in Ausnahmefällen auch Lasten bis zu seinem Eigengewicht von 5 kg (MUNDY et al. 1992). Wie kein anderer Geier vermag er alle Teile eines Kadavers zu nutzen, bevorzugt aber meist Knochen.

Kleine Huftiere (Schafe, Ziegen und Gämsen) liefern in den Pyrenäen bis zu 95 % der Bartgeiernahrung (DONAZAR 1993), wovon bis zu 85 % auf Knochen entfallen (meist Gliedmaßen und Schädel) (HIRALDO et al. 1979). Kleinsäuger (Murmeltiere) und auch Vögel (SUETENS 1989), in Tieflagen

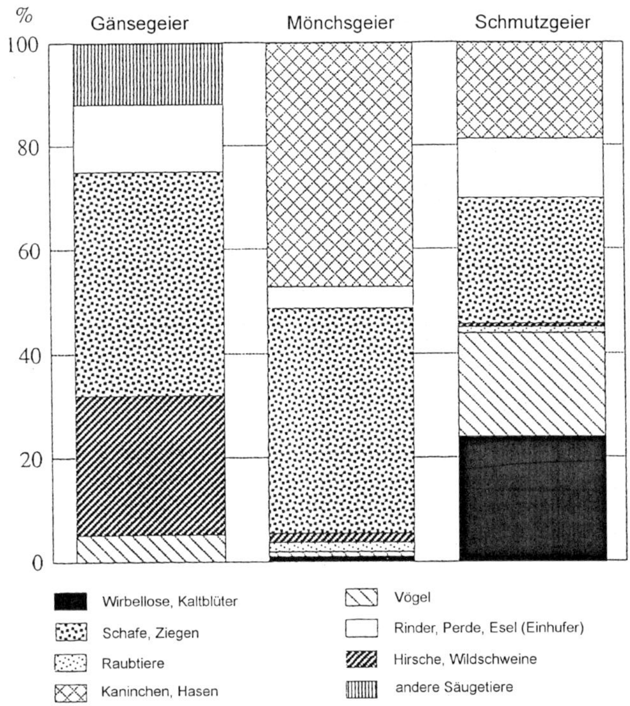

Abb. 5.4: Vergleich der Nahrungsspektren von Gänsegeier, Mönchsgeier und Schmutzgeier im südöstlichen Zentralspanien (nach HIRALDO 1977 aus DONAZAR 1993).

Schildkröten (Balkan-Halbinsel), kommen hinzu. Beim Überfliegen hoher Gebirgszüge umkommende Zugvögel (Ringeltauben) können in den Pyrenäen 7 % der Gesamtnahrung ausmachen (HEREDIA & HEREDIA 1991).

Die heute in den Alpen lebenden Bartgeier ernähren sich im Sommer zu 75 % von Schafen und Ziegen, im Winter von Wild, darunter zu 58 % von Gämsen (LLOPIS DELL 1996). Als zur Freilassung geeignet werden Gebiete angesehen, in denen die Gesamtdichte an für Bartgeier als Nahrungsgrundlage wichtigen Tieren (einschließlich Murmeltier) über 10 Ex./km² liegt (BUCHLI 1987). Was sie darüber hinaus noch, etwa auf Abfallplätzen finden, ist nicht immer eindeutig zu erfassen, oder gar zu quantifizieren.

Die für den Bartgeier erforderliche Nahrungsdichte hat jedoch nicht nur eine Unter- sondern auch eine Obergrenze. Diese ist erreicht, wenn geeignete Nahrungsquellen (insbesondere Knochen) auch den Unterhalt von Raubsäugern (Hunde, Hyänen, Großkatzen) dauerhaft abzusichern vermögen, denen er in direkter Konkurrenz unterlegen ist. In seinem Vorkommen beschränkt er sich vor allem deshalb meist auf Gebirge, weil hier die Nahrungsdichte für die Konkurrenten nicht ausreicht und das stärker gegliederte Terrain deren Aktionsräume einengt (BAUMGART & FISCHER 1978).

Mönchsgeier können ein sehr vielfältiges Nahrungsspektrum nutzen. Meist vermögen sie aber nur in Gebieten mit verbreiteter Schaf- und Ziegenhaltung langfristig zu überleben (KÖNIG 1983, TEWES 1996). Für Spanien bilden diese Nutztiere neben Wild (Cervidae) und Kaninchen die Ernährungsgrundlage (VALVERDE 1966, HIRALDO 1976, DONAZAR 1993, GUZMAN & JIMENEZ 1998). Rinderkadaver (wie auch die von Schweinen), die Mönchsgeier gerne annehmen, fielen in Spanien mit Rückgang der Rinderhaltung — zwischen 1940 und 1980 um 74 % — immer seltener an (DE JUANA & DE JUANA 1984). Zunehmende Wildbestände (Dam-, Reh- und Schwarzwild) glichen dies jedoch in jüngerer Zeit wieder etwas aus.

Gänsegeier sind als Verwerter von Großtierkadavern in ihrer Ernährungsweise am strengsten festgelegt. In Spanien leben sie meist zu über 50 % von Schafen und Ziegen (Katalonien >75 % Schafe, Andalusien 34,9 % Ziegen und 20,9 % Schafe, Sierra Morena 43,3 % Schafe und Ziegen). Esel (11,6 %), Pferde (7,5 %), Schweine (5 %) und Hirsche (21,6 %) können lokal beachtliche Anteile liefern. In der Sierra Morena waren sogar Vögel mit 5,2 % vertreten (FERNANDEZ 1975, HIRALDO 1977, DONAZAR 1993). In den Hohen Tauern übersommernde Gänsegeier leben hauptsächlich von Schaf- und Jungrindkadavern (WALTER 1981). Dabei kann das Nahrungsangebot durch Futterplätze erheblich aufgestockt werden.

5.5 Oft ist die Kontinuität im Nahrungsangebot entscheidend

Der Nahrungsbedarf von Geiern muss vor allem für Schutz- und Managementprojekte über längere Zeiträume genau kalkuliert werden. Dabei sind, ausgehend vom täglichen Nahrungsverbrauch (Kap. 3.1, Tab. 3.1), für Brutpaare mit Jungvögeln jährlich folgende Aasmengen zu veranschlagen: Schmutzgeier 220 kg, Bartgeier 400 kg (bzw. etwa 50 Skelette verendeter größerer Tiere), Gänsegeier 550 kg und Mönchsgeier 600 kg.

Die Populationsgröße standorttreuer Geier wird jedoch unabhängig vom Tagesbedarf stets durch das im Jahreszyklus minimal verfügbare Nahrungsangebot begrenzt, was die Bedeutung seiner Kontinuität unterstreicht. Wenn jugendliche Vögel abwandern (s. Kap. 4.5.1), trägt das zu einem ausgeglicheneren Nahrungsaufkommen für die brütenden Vögel im Horstumfeld bei.

Die Fähigkeit des Mönchsgeiers, sich in Zeiten eines geringen Angebotes an Großtierkadavern auf Kleintierkadaver umzustellen, sichert die Kontinuität seiner Ernährung gleichfalls in hohem Maße ab (s. Kap. 4.2.3). Vor Wiederansiedlung des Bartgeiers in den Alpen wurde auch untersucht, inwieweit und auf welche Weise die Ernährung der Vögel innerhalb der vorgesehenen potentiellen Brutreviere abgesichert ist.

So boten allein Gämsen im Gebiet des Raurisertales mit 1415 Expl. bzw. 5,6 Expl./km² (BUCHLI 1987) eine kontinuierliche Ernährungsgrundlage. Kommen sie im Winter durch Lawinen um, werden ihre gefrierkonservierten Kadaver oft erst zwischen April und Juni freigelegt. Im Mai bringt ihre Setzzeit (durch Totgeburten und verunglückte Kitze) eine weitere Nahrungsspitze zum Zeitpunkt der fortgeschrittenen Jungenaufzucht der Geier. Mit Beginn der Jagdsaison fallen ab August angeschossene und dann verluderte Tiere an. Erhebliche frühwinterliche Verluste können sich durch Gamsräude- und -blindheit ergeben. Bei Reh- und Rotwild sind die Todesursachen ähnlich. Hinzu kommt ihre besondere Anfälligkeit gegenüber Verdauungsstörungen und Parasitosen.

Murmeltiere sind ein weiterer wesentlicher Ernährungsfaktor. Verenden sie im Winter, werden sie im Frühjahr von Artgenossen aus dem Bau entfernt. Ihre Überbleibsel sowie die Reste der Tiere, die Lawinen, Steinadlern und Füchsen zum Opfer gefallen sind, verwertet der Bartgeier. Von im Herbst erlegten Murmeltieren bleiben oft die Körper liegen, da ihnen nur die Trophäen (Fell und Schädel mit Zähnen) entnommen werden.

Die sommerliche Weideviehhaltung ist die dritte Stütze der Bartgeierernährung, wovon auch die aus Kroatien einfliegenden Gänsegeier mit profitieren. Nach dem Auftrieb Ende Mai stürzt manches noch nicht an die Freilandbedingungen gewöhntes Schaf ab. Neuerliche Wintereinbrüche, Lawinen, Blitz- und Steinschlage führen zu weiteren Verlusten. Im Herbst auf den Hochweiden zurückbleibende Schafe kommen in der Regel um. Vorwiegend Jungrinder tragen durch Absturz, Blitzschlag oder Krankheit (Rauschbrand) gleichfalls zur Ernährungssicherung über die gesamte Weideperiode bei. Rinder werden aber besser überwacht und bei Erkrankungen oft noch notgeschlachtet, sodass von ihnen meist nur wenig für die Geier bleibt (FREY in BAUMGART 1991a).

Obwohl diese Ausgeglichenheit in der Ernährung das Jahr über nicht in allen Teilen der Alpen vorliegt, erübrigt sich meist ein Zufüttern, durch das für die Geier zudem Abhängigkeiten erwachsen (ZINK 1999b). Wo der Gämsenbesatz gering ist, wird neuerdings teilweise durch die Zunahme des Steinbockes eine Kompensation erreicht. In Hoch-Savoyen wirkt vor allem eine hohe Weideviehdichte ausgleichend (FREY & WALTER 1988). Für Gänse- und gebietsweise auch Mönchsgeier ist ein kontinuierliches Nahrungsangebot dagegen oft nur durch die Anlage von Futterplätzen abzusichern (s. Kap. 7.2).

Abb. 5.5: Oben: Schmutzgeier als hervorragende Suchflieger stellen sich oft als erste an Kadavern ein. Sie konkurrieren untereinander und mit Milanen, können aber meist ohne Hilfe großer Arten nicht viel am Kadaver ausrichten. Foto: A. LIMBRUNNER. Unten: Mönchsgeier dominieren bei Auseinandersetzungen am Kadaver anfangs über Gänsegeier. Foro: W. SUETENS.

5.6 Geier unter sich

Nur Gänsegeier agieren, analog zu weiteren *Gyps*-Arten in anderen altweltlichen Regionen, bei der Nahrungssuche und Kadaververwertung kooperativ und bilden, indem sie in großer Höhe kreisen, ein Netzwerk von Beobachtungspositionen (FISCHER 1974, KÖNIG 1983, MUNDY et al. 1992). Die übrigen Arten zeigen abgestuft erhebliche Abweichungen von diesem „Geierschema". Sie gehen bei der Nahrungssuche überwiegend (Mönchsgeier) bzw. ausschließlich (Schmutz- und Bartgeier) einzeln, höchstens paarweise vor.

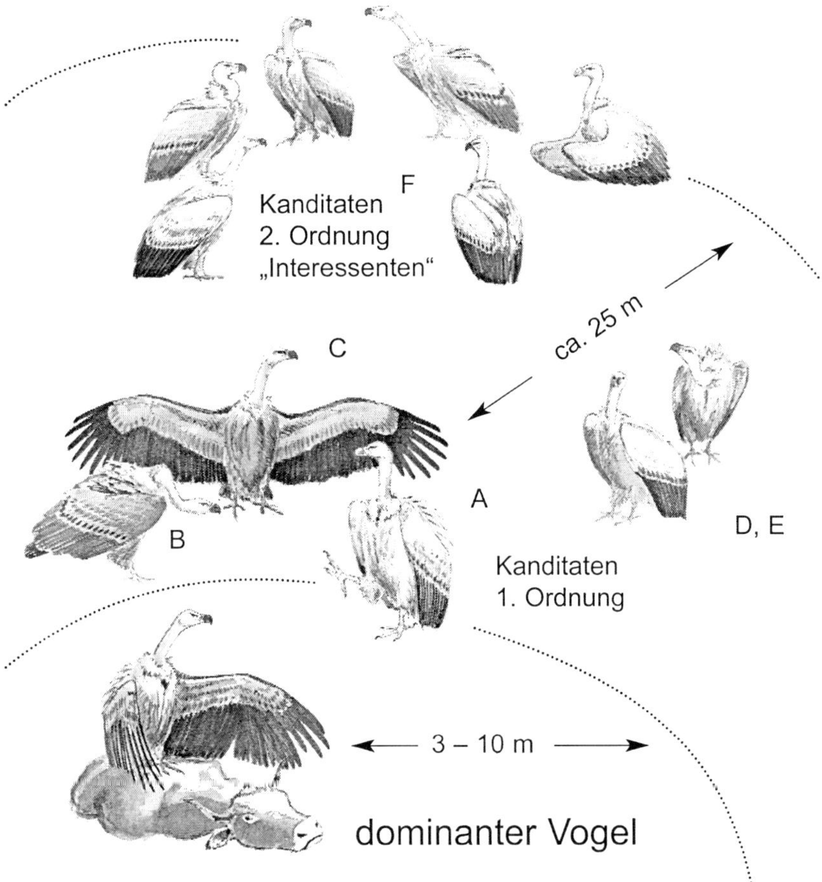

Die sich zahlreich an Kadavern einstellenden Gänsegeier zeigen hier untereinander klare Rangverhältnisse, die vor allem vom Grad des Hungers abhängen und keiner dauerhaften Fixierung unterliegen. Die Dominanz wird durch ein weites Repertoire an Ausdrucksbewegungen (aufrechter Parademarsch und Präsentieren der gespreizten Zehen, Aufrichten des Rückengefieders, Springen mit ausgebreiteten Flügeln u. a.) sowie durch auffällige Laute (dominante Vögel blasen und fauchen, untergeordnete kackern, glucksen und schluchzen) angezeigt.

Zu Beginn nimmt unter intensivem Ausdrucksverhalten ein dominanter Vogel den Kadaver in Besitz. Im näheren Umkreis (3–10 m) positionieren sich „Kandidaten 1. Ordnung". Diese grenzen sich gleichfalls ansatzweise drohend gegen die im weiteren Umfeld lagernden anderen „Interessenten" ab. Beginnt der dominierende Vogel zu kröpfen, kann er die anderen nicht mehr in Schach halten. Diese dringen vor und im Getümmel bricht die vorher geformte Rangfolge zusammen (VALVERDE 1959, KÖNIG 1974, DONAZAR 1993). Wechselnde Rangbeziehungen — ein untergeordneter Gänsegeier kann nach mehrtägigem Hungern so aggressiv werden, dass er dominiert — sichern eine wechselnde Nahrungsversorgung und damit einen größeren, zur effektiven Nahrungssuche erforderlichen Geierbestand ab.

Mönchsgeier dominieren am Kadaver anfangs durch ihre Erscheinung und Größe mit weniger ritualisierten Drohgebärden gegenüber Artgenossen und anderen Geiern (Vorstrecken des Kopfes, Spreizen der Flügel u. a). Dabei können sie sogar paarweise vorgehen, ohne sich jedoch letztlich gegen den Massenansturm der Gänsegeier auf Dauer behaupten zu können. Oft nehmen sie daher, wie auch etwa sich einstellende Bartgeier, Wartepositionen ein. Schmutzgeier erhaschen durch Lücken im Getümmel meist schon vorher einige Stückchen und picken am Ende alles auf, was die anderen übersehen haben. Ihre Konkurrenten sind Milane und Rabenvögel. Wie Bartgeier drohen sie mit geöffnetem Schnabel sowie gespreiztem Hals- und Nackengefieder.

Abb. 5.6 (links): Die Sozialhierarchie der Gänsegeier am Kadaver. Um den anfangs dominanten Vogel gruppieren sich in 3–10 m Entfernung mehrere Kandidaten 1. Ordnung, die sich ihrerseits gegenüber der im weiteren Umkreis (ca. 25 m) wartenden Masse der restlichen Vögel (Kanditaten 2. Ordnung, Interessenten) abgrenzen. Dabei realisiert sich ihr Sozial- und Aggressionsverhalten zugleich über auffällige Ausdrucksbewegungen: Dominanz anstrebende Vögel demonstrieren im „Stechschritt" ihren Rang (A), wenden sich gegen Konkurrenten (B) und greifen flügelschlagend an (C); „Kandidaten 2. Ordnung" präsentieren sich verhalten drohend mit lose getragenem Oberseitengefieder sowie angehobenen Vorderrücken- und Schulterfedern (D, E); im weiteren Umfeld wartende Geier (F) ruhen teilweise entspannt mit herabhängenden Flügeln (in Anlehnung an VALVERDE 1959 aus GLUTZ VON BLOTZHEIM et al. 1971). Zeichnung: N. KRANEIS.

Abb. 5.7: Oben: Beim Kampf um gute Kröpfplätze geraten Gänsegeier oft heftig aneinander. Foto W. SUETENS. Unten: Mönchsgeier und Gänsegeier ruhen nach dem Mahl friedlich miteinander. Foto: A. LIMBRUNNER.

Abb. 5.8: Bartgeier beim Knochenabwurf. Mit dem Knochen in den Fängen steigt der Geier in 40–70 m Höhe auf, wirft ihn über einem ausgewählten steinigen Platz ab und gleitet dann in einem für Geier bemerkenswert wendigen, nahezu eleganten Flug zum Boden, wobei er seinen rautenförmig gespreizten Schwanz wie einen Bremsfallschirm nutzt. Hier liest er die herumliegenden Knochenstücke auf und frisst sie (nach R. ZINK /EGS-Archiv ergänzt). Zeichnung: N. KRANEIS.

Allein die unterschiedliche Raumnutzung führt dazu, dass sich zwar viele Gänsegeier (nicht selten 10–20, ausnahmsweise bis zu 50 und mehr Individuen), jedoch nur wenige Mönchs-, Bart- und Schmutzgeier an Kadavern einstellen. Meist sind es nicht mehr als 2–6 Individuen, im Falle von Altvögeln, die für den Fressplatz zuständigen „Revier-Anrainer". Nichtbrüter und immature Tiere (Junggesellentrupps) dieser Arten können aber auch beachtliche Ansammlungen bilden (GLUTZ VON BLOTZHEIM et al. 1971, CRAMP & SIMMONS 1980).

5.7 Knochenbrechen und Werkzeuggebrauch

Bart- und Schmutzgeier nehmen durch besondere Fähigkeiten beim Nahrungserwerb als Knochenbrecher bzw. Nutzer von Werkzeugen eine Ausnahmestellung ein.

Das Abwerfen von Knochen ist dem Bartgeier angeboren. Sie steigen mit diesen oder teilweise sogar ganzen Skeletteilen in den Fängen auf und lassen sie meist aus 40–70 m Höhe über ausgewählten steinigen Plätzen („Ossarien") fallen (Abb. 5.8) (FREY & BIJLEVELD 1994). Jedes Revier weist wenigstens zwei regelmäßig so genutzte Abwurfplätze auf. Zum Zerstückeln eines Knochens bedarf es manchmal einer Zahl von 20–40 Abwürfen, was gut 30 min dauern kann (FREY 1986, BROWN 1988, HEREDIA & HEREDIA 1991). Ob Bartgeier Knochen „brechen", hängt primär vom Angebot ab. Die beiden Vögel im Krumltal praktizierten es im Sommer 1990 bei reichem Angebot an Großtierkadavern ständig. Hinzu kommt, dass der Bartgeier mit seinem auf 7 cm im Durchmesser dehnbaren Schlund ganze Rinderwirbel und 25 cm lange Rippenstücke schlucken und folglich oft auf Abwürfe verzichten kann (HEINROTH & HEINROTH 1927, MUNDY et al. 1992).

Schildkröten behandelt er wie Knochen. Eine vom Bartgeier abgeworfene Schildkröte soll der Überlieferung nach den kahlen Kopf des altgriechischen Tragödiendichters AISCHYLOS (gest. 456/55 v.u.Z.) auf Sizilien getroffen und ihn so getötet haben.

Schmutzgeier nutzen Steine zum Zerschlagen von Straußeneiern, gebrauchen folglich Werkzeuge (Abb. 5.9) (VAN LAWICK-GOODALL & VAN LAWICK-GOODALL 1966, GLUTZ VON BLOTZHEIM et al 1971). Doch dieses, oft als Ausdruck von Intelligenz bewertete Verhalten ist gleichfalls angeboren und wird schon von Nestlingen geübt (MENDELSSOHN & LESHEM 1983b). Damit stellt sich zugleich die Frage, warum sich diese Geier so oft mit dem Auspicken intakter Panzer verendeter Schildkröten abmühen, aber nicht darauf kommen, sie aus dem Fluge fallen zu lassen, um besser an das Fleisch zu kommen.

Abb. 5.9: Der Schmutzgeier zertrümmert mit Steinen Straußeneier, um ihren Inhalt fressen zu können und gebraucht somit zum Nahrungserwerb ein Werkzeug. Geeignete Steine trägt er im Schnabel aus dem Umfeld herbei. Zeichnung F. WEICK (aus GLUTZ VON BLOTZHEIM et al. 1971).

5.8 Kooperation und Konkurrenz

Bei der Nahrungssuche kooperieren Geier nicht nur mit Artgenossen, sondern auch mit Vertretern anderer Arten. An Kadavern konkurrieren sie wiederum untereinander, können aber zugleich arbeitsteilig vorgehen, ohne aber (abgesehen vom Schmutzgeier) aufeinander angewiesen zu sein. Lokal treten sie sympatrisch in unterschiedlichen Relationen auf. Wenn in einem Gebiet nur ein oder zwei Arten vorkommen, agieren diese flexibel und nutzen weniger spezialisiert, sondern vielseitig, nahezu alle erschließbaren Nahrungsquellen. Zur Untersuchung dieser Anpassungsfähigkeit sind Inseln, die nur 1–2 Arten beherbergen, besonders geeignet.

Der Frage, warum auf Kreta nur Gänse- und Bartgeier, auf Korsika nur Bart- und auf Mallorca (nach Aussterben des Schmutzgeiers) nur Mönchsgeier vorkommen, ist wiederholt nachgegangen worden. Unter Hinweis auf Umweltansprüche und Anpassungsmerkmale der Arten zeichnen sich jedoch Gründe für diese oft als zufallsbedingt erscheinende Verteilung ab.

Auf Mallorca fungieren Möchsgeier in Vertretung anderer Arten als große „Universalgeier“ (Kap. 1.2.2). Diese relativ kleine, zudem ursprünglich stark bewachsene Insel bietet für Aasfresser vielfältige, doch nicht sehr ergiebige Nahrungsquellen. Da der Mönchsgeier ein breites Nahrungsspektrum auch im gedeckten Gelände effektiv nutzen kann, ist er hier in seiner Existenz ganzjährig abgesichert. Für Bart- und Gänsegeier fehlt es wohl vor allem an der Übersichtlichkeit. Ein 1983 zugeflogener Gänsegeier überlebt seitdem nur durch seinen Anschluss an die Mönchsgeier.

Auf Korsika als ursprünglich und auch heute noch stark bewaldeter Insel, fehlt es dem Gänsegeier bei begrenzten Huftierbeständen an Freiflächen. Mönchsgeier könnten hier wohl vorkommen, wenn es Kaninchen in größerer Zahl gäbe. Doch diesen dürfte die Insel zu gebirgig sein. So rückt der Bartgeier, der hier ausreichend weiträumiges, offenes Bergland sowie ein breites, wenn auch limitiertes Nahrungsspektrum vorfindet, zum „Universalgeier“ auf, der offenbar vor allem die in kleinen Mengen verteilt anfallenden Ressourcen auf der Insel am effektivsten zu nutzen vermag.

Kreta weist als große Mittelmeerinsel in ihren offenen Hochlagen reiche Huftierbestände auf. Somit bieten sich geeignete Lebensbedingungen für den Gänsegeier. Da Kaninchen fehlen, sind verbleibende Freiräume für den Mönchsgeier gering, was sein Fehlen erklären könnte. Vom offenen Gelände begünstigt, fungiert daher parallel der Bartgeier als Kleinkadaver- und Abfallverwerter. Er schmälert damit zugleich die Nahrungsgrundlage für ein etwaiges Vorkommen des Mönchsgeiers und vertritt zudem in Teilbereichen wohl auch den Schmutzgeier. Letzteres könnte die Kleinheit der Bartgeier Kretas, sie wiegen nur 4–5 kg (FREY 1994), mit erklären.

Schmutzgeier sind auf Inseln den großen Geiern heute kaum noch beigeordnet. Indem sie hier in ihrer Ernährung meist hochgradig von Abfällen im menschlichen Umfeld abhängen, unterliegt ihre Lebensweise eigenen Regeln und oft lässt sich nicht sagen, warum sie fehlen. (s. Kap. 4.2.3). Doch Menorca und die Kanaren bewohnen sie als einzige Geier und zudem noch als Standvögel, was offenbar zu einer Veränderung oder Erweiterung im Verhaltensmuster der Art führte. Auf den Kanaren brüteteten sie einst sogar kolonieweise (BANNERMAN 1963) und auf Menorca sind sie noch in beachtlicher Dichte vertreten (ca. 50 BP) (CONGOST & MUNTANER 1974, PEREA et al. 1991), was einen Trend zum „Universalgeier“ nahelegt.

Das Vorkommen der Geier und ihr Artenspektrum auf Inseln ist daher sehr aufschlussreich und scheint vorrangig von Nahrungsangebot und Landschaft abzuhängen. Mit Ausnahme Siziliens sind wohl auch in der Vergangenheit nie alle vier Arten sympatrisch auf einer Mittelmeerinsel vorgekommen. Bei meist beschränktem Nahrungsangebot können sich die einzelnen Arten offenbar wechselseitig vertreten. Suboptimale Bedingungen führen über ein reduziertes Artenspektrum zu einer höheren ökologischen und leistungsmäßigen Plastizität der jeweils vorkommenden Arten.

6 Fortpflanzung: wenige Junge, gute Chancen

Geier sind nach der von NEWTON (1979), BEZZEL & PRINZINGER (1990) sowie REMMERT (1990) gegebenen Definition in ihrem Fortpflanzungsverhalten K-Strategen. Unter ausgeglichenen, sich wenig ändernden Existenzbedingungen bleiben die Populationen stabil, selbst wenn es über mehrere Jahre zu keinen erfolgreichen Bruten kommt. Die wenigen, lange intensiv betreuten Jungen entwickeln sich nur langsam. Erst mit 4–6 Jahren werden sie geschlechtsreif. Dafür ist die Lebenserwartung hoch. Neben den Albatrossen haben Geier die geringste Fortpflanzungsrate unter den Vögeln (LACK 1968).

6.1 Brutbiologie – bemerkenswerte Unterschiede trotz vieler Gemeinsamkeiten

Über diese Gemeinsamkeit hinaus zeigen die einzelnen Geierarten jedoch in ihrer Brutbiologie viele Besonderheiten. Die beiden bereits nach ihrer Ernährungsweise getrennten Geiergruppen (s. Kap. 1.2.2) unterscheiden sich auch klar in den Grundzügen ihrer Brutpflege:

Abfallsammler: Die Eltern sind arbeitsteilig ins Brutgeschäft eingebunden. Brüten und Jungenbetreuung obliegen überwiegend dem Weibchen, das Männchen ist für die Nahrungsbeschaffung zuständig. Bei diesem „greifvogelartigen“ Vorgehen erfolgt die Fütterung der Jungen nicht aus dem Kropf.

Kadaververwerter: Die paritätisch am Brutgeschäft beteiligten Eltern brüten und betreuen den Jungvogel zu annähernd gleichen Anteilen. Sie füttern ihn aus dem Kropf.

Innerhalb beider Gruppen kommt es wiederum zu erheblichen Unterschieden wie etwa im zeitlichen Ablauf des Brutgeschäftes oder der Horstweise (z. B. Fels- und Baumbrüter).

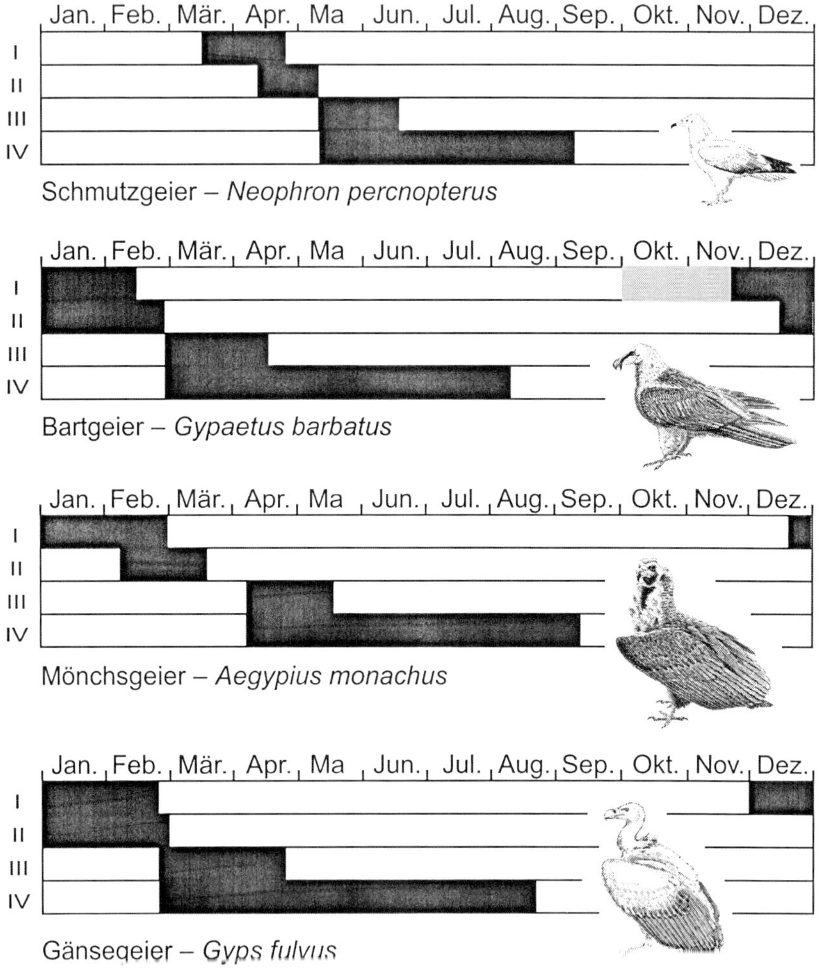

Abb. 6.1: Phänologie der Fortpflanzung europäischer Geier. I Balz und Horstbau, II Eiablage, III Schlupf, IV Nestlingszeit (in Anlehnung an DONAZAR 1993). Beim Bartgeier beginnen Balz und Horstbau bereits Ende September.

6.2 Der Brutzeit sind strenge Fristen gesetzt

Die drei großen Geier schreiten sehr früh im Jahr unter oft äußerst unwirtlichen klimatischen Bedingungen hoher Gebirgslagen zur Brut. Bartgeier beginnen bereits (und teilweise bei über 2000 m ü. NN) zwischen Dezember und Februar, Gänsegeier im Januar/Februar und Mönchsgeier im Februar/März mit der Eiablage. Schmutzgeier legen dagegen frühestens 3–4 Wochen nach Rückkehr aus dem Winterquartier, meist im April, ihre Eier ab. Die relativ kurze Brutperiode fällt dabei in die lichtintensivste Zeit des Jahres (s. Kap. 4.5.2).

Von den ultimaten, die jahreszeitliche Einordnung des Brutgeschäftes bestimmenden Faktoren ist der richtige Zeitpunkt für das Flüggewerden der Jungen entscheidend. Eiablage und Aufzuchtperiode sind diesbezüglich von untergeordneter Bedeutung (HOUSTON 1989). Damit dies in den wetterstabilen und thermikintensiven Sommermonaten von Ende Juni bis Anfang September erfolgen kann, sind die großen Arten mit ihren langen Bebrütungs- und Aufzuchtzeiten zu einem sehr frühen Brutbeginn gezwungen. Hinzu kommt, dass Bartgeier zum Sommer hin zur Nahrungssuche immer weiter umherstreifen müssen. Aufwendige Nahrungstransporte entfallen, je eher die flüggen Jungvögel ihre Eltern in die Hochlagen begleiten können, was einen frühen Brutbeginn selektiv begünstigen dürfte (HEREDIA & HEREDIA 1991).

6.3 Variabilität in der Horstweise

Mit Schmutz-, Bart- und Gänsegeier sind drei der europäischen Geierarten nahezu ausschließlich Felsbrüter. Der Mönchsgeier wiederum brütet fast nur auf Bäumen. Ihre Horstplätze finden sich in Spanien nach DONAZAR (1993) in folgenden Höhenlagen: Schmutzgeier 265–1375 m, Bartgeier 700–2210 m, Mönchsgeier 300–1400 m und Gänsegeier 100–1800 m. Doch selbst an Küstenklippen, nur wenig über dem Meeresspiegel, wurden schon Horste von Schmutzgeier (Bulgarien), Bartgeier (Sardinien), Mönchsgeier (Mallorca) und Gänsegeier (Kvarner Inseln) gefunden. In Israel brüten Geier am Toten Meer kurioserweise sogar in Gebieten unter Meeresniveau (MENDELSOHN & LESHEM 1983a).

Die Horste von Schmutz- und Gänsegeier erweisen sich — auf einer sicheren und stabilen Felsplattform gebaut — meist nur als eine lose Anhäufung von Nistmaterial. Die des Bartgeiers sind dagegen — oft in geschützten Grotten angelegt — viel stabiler sowie mit Wolle und Fellstücken gut ausgepolstert, was im rauhen Hochgebirgswinter einen wirksamen

Kälteschutz garantiert. Mönchsgeier errichten oft riesige, nach mehrjähriger Nutzung in Breite und Höhe zwei Meter überschreitende Knüppelhorste auf nicht immer sonderlich hohen Bäumen an Hängen, wo sie freien An-und Abflug haben. Nur als Baumhorster ist es ihnen möglich, in Waldgebiete vorzudringen und die ihrer Raum- und Ressourcennutzung entsprechende Verteilung der Horste zu erreichen (s. Kap. 5.2). Auch dort, wo Mönchsgeier an Felsen brüten, dient trotzdem meist ein kleiner Baum als Unterlage.

Dass die Horstweise des Mönchsgeiers aber auch eine gewisse Plastizität zeigen kann, demonstrieren Felsbruten in Innerasien sowie einst auch in Spanien. Selbst Bodenhorste werden zuweilen gefunden (FISCHER 1974, BAUMGART 1981, TEWES 1996). Wie früher in der Dobrudscha und im Frusca Gora (DOMROWSKI 1912, BAUMGART 1974, MARINKOVIĆ & OLANDIĆ 1994) okkupieren Gänsegeier neuerdings auch in Spanien zunehmend Baumhorste des Mönchsgeiers. Auf Grund ihres frühen Brutbeginns besetzen sie diese schon im zeitigen Frühjahr und können sie zumeist auch behaupten. An Felshorsten verdrängen sie zudem andere Arten. Für Bartgeier und Habichtsadler werden sie zu echten Störfaktoren (DONAZAR 1993).

Die nicht kolonieweise brütenden Geier verteidigen ihre Horste über unterschiedliche Entfernungen sowohl gegen Artgenossen (s. auch Kap. 5.2) als auch gegenüber anderen Arten. Beim Mönchsgeier schließt dies in der Regel nur einen Umkreis von 50 m ein. Bart und Schmutzgeier attakieren dagegen meist sehr engagiert über Entfernungen von 200–500 m und können sich dabei erfolgreich sowohl gegen fremde Artgenossen als auch große Greifvögel wie Steinadler durchsetzen.

Der Bartgeier ist der einzige ausschließlich an Felsen brütende Geier. Schmutzgeier nisteten früher in orientalischen Städten (Istanbul, Damaskus) auch regelmäßig an Gebäuden (KASPAREK 1992, BAUMGART et al. 1995) und bezogen ausnahmsweise sogar Baumhorste (BAUMGART 1991b). Zu Abweichungen von der ursprünglichen Horstweise kommt es in der Regel, wenn bei günstigem Nahrungsangebot adäquate Horstmöglichkeiten fehlen.

Gänsegeier brüten nicht etwa nur auf Grund eines limitierten Horstplatzangebotes in Kolonien (Einzelbruten bilden die Ausnahme). Diese ist für sie ein Platz für Sozialkontakte und der Absicherung durch Ausschluss anderer Arten. Vor allem aber bildet die Brutkolonie als Informationszentrum den Ausgangspunkt für die Kooperation bei der Nahrungssuche (DONAZAR 1993).

Gänsegeierkolonien sind wiederholt eingehend untersucht worden (MENDELSSOHN & LESHEM 1983a, LECONTE & SOM 1996, FERNANDEZ et al. 1998). So wiesen beispielsweise mittelgroße Kolonien (10–30 BP) gegenüber kleinen (2–9 BP) und großen (31–90) den besseren Bruterfolg auf. Neben den Eltern füttern teilweise auch weitere, sich regelmäßig im Kolonie-

Abb. 6.2: Oben: Schmutzgeier am Horst, einer Anhäufung von Zweigen, Wolle, Fellstücken, Lumpen und Nahrungsresten, der möglichst geschützt unter Überhängen oder in Höhlungen angelegt wird. Foto: M. PFORR. Unten: Bartgeier mit etwa halbwüchsigem Jungvogel, der sich gut geschützt in einer Höhlung befindet, was einen Brutbeginn bereits im Dezember oder Januar zulässt. Foto: W. SUETENS.

bereich aufhaltende Vögel die Nestlinge. Sie übernehmen bei Ausfall der Eltern die weitere Aufzucht, wobei auch gleichgeschlechtliche Partner gut kooperieren (HOUSTON 1978). Hierbei könnte es sich um sehr effektive, durch das Kolonienbrüten begünstigte „Helfersysteme“ handeln.

Die Neigung der Mönchsgeier zur Koloniebildung kann sowohl die Folge eines Horstplatzmangels (etwa in Innerasien) als auch, wenn er bei hoher Nahrungsdichte als einziger großer Geier vorkommt, ein Zeichen für den Übergang zu einer in Ansätzen gänsegeierartigen Lebensweise sein (s. Kap. 5.8). Kolonien bieten viele Vorteile. Dem wirkt aber offenbar stets der Zwang zur Dispersion entgegen, wenn die Vögel darauf angewiesen sind, kleine, verteilt vorliegende Nahrungsobjekte zu suchen. Erst ein reiches, lokal in hoher Dichte anfallendes Nahrungsangebot ermöglicht die Bildung von Brutkolonien. Unter diesen Bedingungen wird nicht nur der Mönchsgeier, sondern sogar der Schmutzgeier, wie früher auf den Kanaren und im Bereich der Meteora-Klöster in Griechenland (HANDRINOS 1985), zum Koloniebrüter.

6.4 Partnerbeziehungen und Balz

Geier gelten als ausgesprochen monogam. Schmutz-, Bart- und Mönchsgeier zeigen zudem eine enge Partnerbindung. Verpaarte Vögel ruhen zusammen, betreiben soziale Gefiederpflege oder fliegen gemeinsam aus. Gänsegeier erscheinen „unpersönlicher“ und agieren nur im Horstbereich partnerschaftlich. Ihre Aggressivität soll aber bei Auseinandersetzungen an Kadavern gegenüber Brutpartnern und eigenen Jungvögeln geringer sein als gegenüber fremden Artgenossen (KÖNIG 1974, MENDELSSOHN & LESHEM 1983b).

Während der Balz zeigen Schmutz- und Bartgeier zur Anbahnung und Festigung der Partnerbindung sowie der Revieranzeige spektakuläre Flugspiele mit Hochkreisen, Verfolgungs- und Sturzflügen. Das Grundschema der einer Reihe von Greifvögeln eigenen „Girlandenflüge“, ist dabei aber nicht eindeutig erkennbar. Schmutzgeier sind hierbei in der Regel stumm, Bartgeier lassen fiepende Rufe oder sogar Triller vernehmen.

Für Gänsegeier, weniger Mönchsgeier, sind „Doppeldeckerflüge“, bei denen die Partner und auch weitere Vögel gestaffelt übereinander gleiten, charakteristische Balzelemente. Im Horst sitzend kommunizieren sie auch durch „Flaggen“ mit hängenden Flügeln. Während der Kopulation lassen sie anhaltend schnarchende Stöhnlaute hören. Mönchsgeier „flirten“ durch Blickkontakte, Kopfdrehungen und Wegsehen, sind weniger ruffreudig (HEINROTH & HEINROTH 1927, MENDELSSOHN & LESHEM 1983b, TEWES

Abb. 6.3: Das gegenseitige Putzen (Allopreening) beim Mönchsgeier (im Bild) wie auch bei Schmutz- und Bartgeier ist Ausdruck enger Partnerbeziehungen. Foto: J. HENNERSDORF.

1996). Während der Balz wird Nistmaterial getragen und dem Partner übergeben sowie in neu errichtete oder auszubessernde Horste eingebaut. Gänsegeier bahnen Partnerkontakte schon lange vor der Geschlechtsreife durch Umhertragen von Zweigen im Schnabel an (auch im Fluge).

Mit der Bildung von „Trios" (Polyandrie), die aus einem Weibchen und zwei Männchen bestehen, zeigten Bartgeier seit 1979 in den Pyrenäen (und später auf Korsika sowie neuerdings auch ansatzweise in den Alpen) eine neue Form von Partnerschaftsbeziehungen. Die Vögel sind untereinander gleichberechtigt. Beide Männchen kopulieren mit dem Weibchen und beteiligen sich am Brutgeschäft (Horstbau, Bebrütung, Jungenaufzucht). 1996 waren schon 15 von 73 Revieren (20,5 %) durch Trios besetzt und 1994 wurde erstmals ein Quartett (drei Männchen und ein Weibchen) beobachtet (MARGALIDA et al. 1997).

Unklar ist noch, ob es sich hierbei um eine positive, stabilisierende Entwicklung unter rückläufigen Existenzbedingungen oder ein Geschehen infolge von Störungen (etwa durch höhere Weibchenmortalität) handelt. Der Bruterfolg blieb bisher unverändert (HEREDIA & HEREDIA 1991, DONAZAR 1993). Auch Schmutzgeier-Trios wurden inzwischen mehrfach festgestellt (Navarra, Aragon, Provence, Israel und Bulgarien) (LEVY 1990, BAUMGART 1991b, DONAZAR 1993).

6.5 Gelege und Bebrütung

Die Gelege der einzelnen Geierarten unterscheiden sich in Zahl sowie Größe, Pigmentierung und Masse der Eier beachtlich (Tab. 6.1). Abfallsammler legen mehr und stärker pigmentierte Eier als Kadaververwerter. Die relative Eimasse ist mit 3–5 % der Körpermasse recht gering, teilweise liegt sie sogar darunter (CRAMP & SIMMONS 1980).

Zweiergelege sind bei Gänse- und Mönchsgeiern eine Ausnahme. Beim koloniebrütenden Gänsegeier werden sie meist damit erklärt, dass zwei Weibchen in einen Horst abgelegt haben. Zweiergelege des Mönchsgeiers in Zoos und auch in Horsten der Restpopulation auf Mallorca sind dagegen wohl auf die Bildung von Weibchenpaaren bei unausgeglichenem Geschlechterverhältnis, infolge fehlender Männchen, zurückzuführen (TEWES 1996). Der derzeitige Weibchenüberschuss freigelassener Bartgeier in den Alpen führte im Rauristal zur zeitweiligen Bildung eines Weibchenpaares (ROTH-CALLIES 1994).

Dass gerade die riesigen Gänse- und Mönchsgeier nur ein Ei legen und kaum Nachgelege zeitigen, lässt sich besonders bei ersterem mit Mineralstoffmangel erklären. Die vom Gänsegeier neben Innereien als Nahrung bevorzugte Muskulatur enthält nur 0,01 % Kalzium. Die Kalziumreserven des Skelettes sind zudem sehr gering (Kap. 3.2). Bei einer Schalenmasse von 25 g werden für jedes Ei 10 g Kalzium (ca. 12 % des Skelett-Kalziums) benötigt, was den Kalziumhaushalt stark belastet (HOUSTON 1978).

Die regelmäßige Aufnahme von Kleintieren und auch Knochen durch den Mönchsgeier scheint auf den ersten Blick gegen eine solche Erklärung zu sprechen. Doch von Kleintierkadavern lebt dieser Geier vornehmlich im Sommerhalbjahr. Im Nachwinter vor der Eiablage sind sie zumeist von Großtierkadavern abhängig und befinden sich dann in einer dem Gänsegeier vergleichbaren Lage. Die über Kleintierkadaver und Knochen stets gut mit Mineralstoffen versorgten Abfallsammler legen dagegen regelmäßig zwei, manchmal sogar drei Eier. Bei frühzeitigem Verlust des Erstgeleges,

Tab. 6.1: Die Gelege europäischer Geier (Durchschnittswerte nach GLUTZ VON BLOTZHEIM et al. (1971) und MAKATSCH (1974). Die Schalenmassen machen meist um 10 % der angegebenen Frischmassen aus.

Art	Eizahl	Maße (mm)	Masse (g)	Pigmentierung
Schmutzgeier	2 (1–3)	65 x 50	90	gelblich, rostbraun gefleckt
Bartgeier	2 (1–3)	83 x 65	220	rostbraun gefärbt und gefleckt
Mönchsgeier	1	92 x 70	240	weiß, rötlich gefleckt
Gänsegeier	1	92 x 70	250	weiß, teilweise leicht gefleckt

legen sie meist drei Wochen später nach (MAKATSCH 1974). Bartgeier zeitigen in Gefangenschaft sogar ein drittes oder gar viertes Gelege (FREY et al. 1995).

Der frühe Brutbeginn (s. Kap. 6.2) zwingt zum intensiven, schon mit Ablage des (ersten) Eies einsetzenden Brüten. Bei Kadaververwertern lösen sich die Eltern alternierend, doch oft unregelmäßig und nicht einmal täglich ab. Der jeweils abwesende Partner kehrt meist erst dann zurück, wenn er Nahrung gefunden hat. Schmutz- und Bartgeier folgen dagegen dem Greifvogelmodus. Das überwiegend brütende Weibchen wird vom Männchen mit Nahrung versorgt und regelmäßig für Stunden abgelöst (Angaben zur Bebrütungsdauer s. Kap. 2).

6.6 Jungenaufzucht

Große Geier ziehen stets nur einen Jungvogel auf, der etwa vier Monate nach dem Schlupf flügge wird. Beim Schmutzgeier fliegen dagegen oft zwei Junge nach nur 70–90 Tagen aus. Da die Aufzuchtdauer hochgradig vom Nahrungsangebot abhängt, variieren die von einzelnen Beobachtern mitgeteilten Zeitangaben erheblich. Ältere Jungvögel werden meist nur einmal täglich gefüttert, müssen aber bisweilen mehrere Tage hungern.

Die Eltern bewachen die Jungvögel in der ersten Hälfte der Nestlingszeit nicht nur, sondern betreuen und pflegen sie intensiv (hudern, spenden Schatten, heben zur Lüftung die Unterseite mit dem Schnabel an, reinigen sie durch beknabbern u. a.). Diese Brutpflege kann bis zu 50 % der Aktivzeit einnehmen. Selbst halbwüchsige Junggeier werden kaum allein gelassen. Ist dies der Fall zeigen sie ihren Unmut darüber durch Lautäußerungen an (etwa „Weinen“ junger Mönchsgeier) (MENDELSSOHN & LESHEM 1983b, TEWES 1996).

Jungvögel der kadaververwertenden Arten erhalten die Nahrung von beiden Elternteilen aus dem Kropf. Geier dieser Gruppe gehören nach CRAMP & SIMMONS (1980) damit zu den wenigen „Greifvögeln“, bei denen auch die Männchen regelmäßig die Jungen direkt füttern. Junge Gänsegeier werden zudem in den ersten Lebenswochen auch mehrmals täglich mit aus dem Magen hervorgewürgten vorverdauten Brei versorgt (MENDELSSOHN & LESHEM 1983b).

Abfallsammler lösen Partikel von zum Horst gebrachten Nahrungsbrocken und reichen sie dem Jungen nach Greifvogelmanier mit dem Schnabel. Zur Flüssigkeitsversorgung kann beim Bartgeier auch reichlich Speichel fließen (THALER et al. 1986). Schmutzgeier würgen dazu wässrige Flüssigkeit aus (SUETENS 1989), was eine Ernährung aus dem Kropf vor-

Abb. 6.4: Oben: Der Mönchsgeier ist als einziger europäischer Geier Baumbrüter, dessen Horste oft zu riesigen Knüppelburgen ausgebaut werden. Hier wird der Jungvogel aus dem Kropf gefüttert. Unten: Der Horst des Gänsegeiers ist kaum mehr als eine lose Anhäufung von Zweigen auf einem Felsband. Der etwa sechs Wochen alte Nestling wird von einem Altvogel bewacht. Fotos: A. LIMBRUNNER.

täuschen kann. Vergleichende Betrachtungen zur Jugendentwicklung der Geier finden sich bei HEINROTH & HEINROTH (1927), MENDELSSOHN & LESHEM (1983b) und THALER et al. (1986). Die *Gyps*-Arten einschließlich des Gänsegeiers werden zudem eingehend von HOUSTON (1976, 1978), der Mönchsgeier von GEJLIKMAN (1959), SUETENS & VAN GROENENDAEL (1967) und TEWES (1996) sowie der Bartgeier von SUETENS & VAN GROENENDAEL (1974) und FREY et al. (1995) behandelt.

Zu den Besonderheiten in der Brutbiologie des Bartgeiers gehört der Kainismus. Bei anderen Greifvögeln, wie dem Schreiadler, ist er seit längerem bekannt. Wenn zwei Jungvögel geschlüpft sind, bekämpfen sich beide im frühesten Nestlingsalter so lange, bis einer verendet, ohne dass die Eltern eingreifen. Dabei ist das zuerst geschlüpfte Junge meist im Vorteil (THALER & PECHLANER 1979, 1980). Dass aus einem Bartgeierhorst zwei Junge ausfliegen, gehört unter natürlichen Bedingungen zu den besonderen Ausnahmen. Es wurde bisher offenbar nur einmal, und zwar 1996 an einem äthiopischen Horst verzeichnet (BARRAU et al. 1997). Diese Zweitnestlinge stellen eine biologische Reserve dar.

Nach THALER (1981) und FREY (1995) bilden sie auch in Zuchtvorhaben einen wichtigen Zusatzposten zur Bereitstellung von Vögeln für Wiederansiedlungsprojekte (s. Kap. 7.3), denn das zweitgeschlüpfte Junge steht dem erstgeschlüpften an Fitness meist nicht nach. Sie können beide, wenn sie durch eine die Horstmulde teilende Barriere (wozu anfangs schon ein höheres Brett reicht) voneinander getrennt sind, von den eigenen Eltern oder isoliert durch Ammenvögel aufgezogen werden. Nach dem 33. Lebenstag nimmt die Aggressivität ab und um den 90. Lebenstag vertragen sich gleichaltrige Jungvögel wieder (THALER 1981).

Abb. 6.5: Wenn in einem Horst des Bartgeiers zwei Jungvögel schlüpfen, kommt es zum Kainismus: Der größere Jungvogel bringt in den ersten Lebenstagen regelmäßig den kleineren um. Zeichnung: U. IFF aus BVAR.

Heranwachsende Gänsegeier sind (wie andere *Gyps*-Arten) für Störungen im Mineralhaushalt (osteodystrophisches Syndrom) sehr anfällig (HEINROTH & HEINROTH 1927). In Südafrika verursachte diese Skelettmissbildung durch Mineralstoffmangel (nach Ausrottung der Knochen zerbeißenden Großkatzen und Hyänen) beim Kapgeier bedrohliche Verluste (MUNDY et al. 1992). Diese Erkrankung tritt jedoch nicht überall auf. Offenbar beugen ihr die Geier in einigen Gebieten durch verfüttern von Muschelkalk- und Karstgesteinspartikeln oder Kleintierkadavern vor. Einem Jungvogel reichen schon 8 g Knochensplitter pro Tag zum normalen Skelettwachstum aus (MENDELSSOHN & LESHEM 1983b).

Die geringe Mineralstoffzufuhr über Muskelfleisch und Innereien könnte auch die mit über 110 Tagen ungemein lange Nestlingszeit großer Geier erklären. Bei vergleichbar großen Greifvögeln (Seeadler, Riesenseeadler) währt sie nur rund 70 Tage (vgl. BROWN & AMADON 1968). Möglicherweise garantiert erst diese lange Fütterungszeit die Deckung des zum Knochenaufbau erforderlichen Mineralstoffbedarfs (insbesondere an Kalzium). Einer ähnlichen Strategie folgen offenbar auch Albatrosse, deren mineralstoffarme Ernährung mit Tintenfischen wohl gleichfalls sehr lange Nestlingszeiten mit sich bringt (LACK 1968, HOUSTON 1978).

6.7 Die Jungvögel fliegen aus

Trotz unterschiedlicher Brutdauer werden die Jungvögel bei allen vier europäischen Geierarten im Hoch- und Nachsommer flügge. Wie bereits aufgezeigt (s. Kap. 6.2), ist dies von der Wetterlage — wenn auch nicht immer vom Nahrungsangebot her (SARRAZIN 1998) — für die noch unerfahrenen Junggeier der Zeitraum, in dem sie mit bestmöglichen Überlebenschancen die Selbständigkeit erlangen können.

Junge Geier werden auch nach dem Flüggewerden nur im Horst gefüttert. Sie verlassen ihn daher anfangs nur kurzzeitig zu Übungsflügen. Finden sie nicht mehr zurück, sind sie auf sich allein gestellt und kommen oft um. Junge Gänsegeier vermögen sich frühestens 3–4 Wochen nach dem erstmaligen Verlassen des Horstes alleine durchzuschlagen und an Kadavern auch gegenüber adulten Artgenossen zu behaupten (HOUSTON 1989). Nach zwei Monaten steigen ihre Überlebenschancen (GRIESINGER 1993), vor allem wenn sie zusätzlich von während der Nestlingszeit angelegten Fettreserven zehren können (s. Kap 3.1). In diesem kritischen Lebensabschnitt sind die Verluste hoch, was aber — da verendete Vögel nur selten gefunden werden — meist kaum zu belegen ist. Im Herbst erschöpft aufgegriffene und stark untergewichtige immature Vögel sind aber ein wichtiges Indiz hierfür (MENDELSSOHN & LESHEM 1983b, BAUMGART 1989).

Ihre begrenzten Einzugsbereiche garantieren bei Mönchs- und Bartgeiern einen engeren Kontakt zwischen Alt- und gerade flügge gewordenen Jungvögeln, die auch nach dem Ausfliegen von den Altvögeln bewacht und geführt werden. Dies erleichtert ihre Eingliederung in die Population. Junge Mönchs- und Bartgeier begleiten die Eltern bald auf ihren Nahrungssuchflügen. Ein so im Spätsommer zusammenhaltendes Trio signalisiert oft eine erfolgreiche Brut. Nach rund zwei Monaten lösen sich junge Bartgeier von den Eltern, für die bald ein neuer Brutzyklus beginnt (HEREDIA & HEREDIA 1991). Junge Möchsgeier sind nach 2–2½ Monaten völlig selbständig (TEWES 1996). Bis sie mit zunehmendem Alter eigene Ansiedlungsmöglichkeiten finden, streifen Jungvögel beider Arten oft in Junggesellentrupps umher (s. Kap. 4.5.1) und nutzen vor allem — wie jugendliche Gänsegeier — Freiräume außerhalb der durch brütende Altvögel besetzten Bereiche.

Junge Schmutzgeier treten, noch unselbständig und meist von ihren Eltern betreut, ein bis zwei Wochen nach dem Ausfliegen den Zug in ihre afrikanischen Winterquartiere an. Hier verbringen sie in der Regel auch die ersten Lebensjahre (s. Kap. 4.5.2).

6.8 Bestandserhaltung und Reproduktionsraten

Stabilität und Größe lokaler Geierpopulationen hängen von dem Gleichgewicht zwischen Reproduktionserfolg und Mortalität ab. Es wird von zahlreichen Faktoren beeinflusst, unter denen dem Nahrungsangebot sicher die entscheidende Bedeutung zukommt (s. Kap. 4).

Die Bestandsentwicklung hängt insbesondere von der Jugendmortalität ab. Bei *Gyps*-Arten überstehen oft nur rund 50 % der flügge gewordenen Jungvögel das erste Lebensjahr, lediglich 8 % erreichen die Geschlechtsreife (MUNDY et al 1992). Bei den Bartgeiern der spanischen Pyrenäen ging man noch vor kurzem davon aus, dass zehn Gelege erforderlich sind, um einen geschlechtsreifen Vogel hervorzubringen. Im südlichen Afrika betrug ihre Überlebensrate nach fünf Jahren sogar nur ca. 4,5 % (BROWN 1988). Wenn jetzt 75 % der in den Alpen freigelassenen jungen Bartgeier überleben, ist das sowohl auf ein gesichertes Nahrungsangebot als auch auf viele Freiräume infolge noch relativ geringer Siedlungsdichte zurückzuführen (FREY 1997).

Schutz und Management, vor allem aber das Anlegen regelmäßig bestückter Futterplätze, führten bei den Geiern der Pyrenäen-Halbinsel zu einer erheblichen Senkung der Jungvogelsterblichkeit. Die nunmehr teilweise beachtlich angewachsenen Bestände beginnen sich inzwischen bereits über eine dichteabhängige Senkung der Reproduktionsrate zu regulieren (FERNANDEZ et al. 1998, HEREDIA & RAZIN 1998). Mit Eintritt der Geschlechtsreife sinkt bei den dann meist auch ausgesprochen standorttreuen, sich in vertrautem Terrain aufhaltenden Geiern die Mortalität auf jährlich 3–5 % (HOUSTON 1979).

Reproduktionsraten

Neben dem Nahrungsangebot sind u. a. die Verfügbarkeit geeigneter Horstplätze, die Wetterlage während der Brutzeit und die Siedlungsdichte für den Bruterfolg von entscheidender Bedeutung. Zudem besteht auch eine beachtliche Abhängigkeit von der geographischen Breite (DONAZAR 1993).

Die dies belegenden Zahlenangaben sind nicht einheitlich und nicht immer direkt vergleichbar, beziehen sich teils auf die Gesamtzahl der Paare in einem Gebiet, teils auf die brütenden Paare oder nur auf die erfolgreich brütenden Paare, die einen Jungvogel zum Ausfliegen bringen etc. Es ist meist kaum möglich, einen Grenzwert für die zur Bestandserhaltung erforderliche Reproduktionsrate festzulegen, was einige ausgewählte Daten für europäische Arten verdeutlichen.

Schmutzgeier: Sie ziehen regelmäßig zwei Junge auf, erreichen dadurch nach DONAZAR (1993) regional klar über 1,0 liegende Reproduktionsraten (Navarra 0,84, Zentralspanien 0,87, am Tajo 1,21, bei Segovia 1,32, im katalanischen Ebrotal 1,75 sowie in den französischen Pyrenäen 1,26 Juv./BP). In Bulgarien wurden 1,54 (BAUMGART 1991b) und im Dadia-Forst (NE-Griechenland) über 1,75 Juv./BP erreicht (VLACHOS et al. 1998). Auch im Falle eines akuten Bestandsrückganges haben die verbliebenen, zur Brut schreitenden Paare meist einen nahezu unverändert hohen Bruterfolg. Einschneidend sind dagegen offenbar die Verluste nach dem Ausfliegen und während des Zuges.

Bartgeier: Die Reproduktionsraten des Bartgeiers wurden in jüngerer Zeit in Spanien eingehend untersucht. In Abhängigkeit von Nahrungsangebot und Störpegel waren jährlich beachtliche Unterschiede zwischen Hochpyrenäen, Vorbergen und separierten Gebirgszügen festzustellen, wobei die Bruterfolge in den Hochpyrenäen meist am höchsten, die in den Vorbergen stets am niedrigsten waren (HEREDIA & HEREDIA 1991).

Rückläufige Werte wurden allerdings während der letzten Jahre sowohl in den spanischen als auch den französischen Pyrenäen verzeichnet (Spanien: 1972–80 0,81, 1983–1985 0,70 und 1986–1989 0,69 Juv./BP bzw. Frankreich: in gleichen Zeiträumen 0,78, 0,72 und 0,60 Juv./BP). Sie korrelieren mit der gewachsenen Bestandsdichte (Besetzung zunehmend suboptimaler Reviere, wechselseitige Störungen etc.). Die Bartgeier in den

Abb. 6.6: Der Schmutzgeier zieht als einziger Geier regelmäßig zwei Jungvögel auf, die sich untereinander gut vertragen und wie die zwei halbwüchsigen Jungvögel auf dem Bild viel Zeit auf eingeknickten Fersengelenken ruhend verbringen (Foto L. Güthert/P. Fallgatter aus Baumgart 1991c).

klimatisch ungünstigeren Nordlagen der französischen Pyrenäen hatten außerdem stets einen geringeren Bruterfolg. 1997 lagen die Reproduktionsraten in Spanien und Frankreich mit 0,48 bzw. 0,37 Juv./BP (bei einer jährlichen Zunahme um 2,6 bzw. 1 BP) unter denen der 80er Jahre. 1998 wurden in den spanischen und französischen Pyrenäen mit nur 0,40 bzw. 0,29 Juv./BP deutlich unter dem langjährigen Durchschnitt liegende Werte ermittelt. Trotzdem bleibt (infolge des Bestandsanstieges) die Zahl der jährlich ausfliegenden Jungen mit durchschnittlich 34,5 Individuen annähernd gleich hoch. Harmonierende Paare brüten alljährlich und haben eine niedrige Nestlingssterblichkeit (Heredia 1998, Razin 1998, Heredia & Razin 1998).

Wesentlich geringer dürften die Reproduktionsraten auf Kreta sein (vgl. Baumgart & Baumgart 1995). Auf Korsika, wo 1983 noch fünf von sechs kontrollierten BP Junge aufzogen, glückte dies zwischen 1991 und 1993 sowie 1997 nur einem von acht (0,13 Juv./BP). 1996 brüteten zwar zwei andere erfolgreich, doch 1998 (wie schon 1994) keines. Die Situation ist inzwischen alarmierend. Indem meist nur die gleichen Paare Bruterfolge haben, sinkt auch die genetische Vielfalt in der Population (Fasce 1998). Diese Entwicklung lässt sich nicht mit Hinweis auf eine ohnehin geringere Nachwuchsrate bei Inselpopulationen begründen. Hier besteht akuter Klärungs- und Handlungsbedarf (s. Kap. 7.3).

Mönchsgeier: Auf dem spanischen Festland brüten in größeren Regionalpopulationen alljährlich wieder bis zu 70,5 % (56,5–85,7 %) der Paare. Die Reproduktionsrate kann 0,75 Juv./BP erreichen, woran eine hohe Schlupfrate (bis 86 %) und die geringe Nestlingsmortalität (um 3 %) einen wesentlichen Anteil haben (Bermejo in Donazar 1993). Die höchsten Durchschnittswerte wurden in Monfragüe (Extremadura) mit 0,92 Juv./BP (1993), vergleichsweise geringe mit 0,46 Juv./BP in Salamancha erreicht. Nur auf Mallorca lagen die Werte zeitweilig noch darunter (s. Kap. 7.3). Mit wachsenden Beständen werden limitierende Faktoren (vor allem Nahrungsmangel) zunehmend wirksam (Sanchez 1998). Neben menschlichen Störungen führen beim Mönchsgeier auch starke Stürme, die Eier und Jungvögel aus dem Horst reißen, zu Verlusten (Korshunov & Korshunova 1985).

Gänsegeier: Der Bruterfolg des Gänsegeiers unterliegt, in Abhängigkeit von Wetter und Nahrungsangebot, erheblichen jährlichen Schwankungen. Können die verpaarten Vögel, bei nur geringem Aufwand für die Nahrungssuche, während der Balz und Eibildung viel Zeit zusammen verbringen, ist er hoch. Ungünstige Witterungsbedingungen wie anhaltende Regen- und Tauwetterperioden während der Bebrütungs- und frühen Jungenaufzuchtsperiode führen oft zum Abbruch der Brut und bedingen annähernd 70 % der Brutausfälle (Leconte & Som 1996).

Dies unterstreichen die Bruterfolge der in den Cevennen neu angesiedelten Gänsegeier, die Werte zwischen 0,14 (1984) und 0,83 Juv./Gelege (1991) erreichten. Ihr 10-Jahres-Durchschnitt liegt mit 0,57 Juv./Gelege jedoch noch deutlich unter dem Bruterfolg in den Pyrenäen mit 0,60–0,81 ($\bar{x}$ = 0,72) Juv./Gelege, und in Kantabrien mit 0,80 Juv./BP (Elosegi 1989, Donazar 1993, Terrasse et al. 1994). Der spanische Gänsegeierbestand wuchs in der letzten Dekade jährlich im Durchschnitt um 13 % (Fernandez et al. 1998). In den französischen Pyrenäen variiert der Bruterfolg zwischen 0,40 und 0,95 ($\bar{x}$ = 0,76) Juv./Gelege. Mit der Stabilität von Kolonien und der Dauerbesetzung von Horsten steigt zudem der Bruterfolg (Leconte & Som 1996).

Nachwuchs bis ins hohe Alter

Die Bestandsverhältnisse von Geiern stabilisieren sich auch durch ihre Langlebigkeit. In Gefangenschaft wurde ein Schmutzgeier wenigstens 37 Jahre, Bartgeier wiederholt über 40 Jahre, Gänse- und Mönchsgeier meist bis zu 40 Jahre alt, wobei für einen Gänsegeier sogar 55 Jahre verbürgt sind. Der letzte freilebende Bartgeier der Schweiz überlebte seinen 1862 geschossenen Partner bis 1886 um 24 Jahre, wurde somit über 30 Jahre alt (Glutz von Blotzheim et al. 1971, Levy 1990, Donazar 1993).

Der Eintritt der Geschlechtsreife wird für Geier meist mit 5–6 Jahren angenommen. Die ein Jugendkleid ausbildenden Schmutz- und Bartgeier brüten, von einzelnen Ausnahmen abgesehen, fast stets erst im Alterskleid. Für die drei großen Arten ist jedoch inzwischen im Rahmen von Projektvorhaben ein erfolgreiches Brüten jeweils im Alter von nur vier Jahren belegt (DONAZAR 1993, TERRASSE et al. 1994, TEWES 1996).

Wenig Daten gibt es dagegen darüber, bis zu welchem Alter sie fortpflanzungsfähig bleiben. Mit 37 Jahren brütete der oben genannte Schmutzgeier im Zoo Tel Aviv noch völlig normal. Im Bartgeierprojekt waren 1987 mehrere erfolgreich reproduzierende Vögel wenigstens 30, in einem Falle sogar über 34 Jahre alt (FREY & WALTER 1988). Inzwischen erreichte einer hiervon (BG 22) bei erhaltener Fertilität das 42ste Lebensjahr (FREY 1998).

Teilweise phantastisch anmutende Altersangaben (Schmutzgeier 101, Gänsegeier 117 Jahre), wie sie BRACHETKA (1965) etwa aus dem Tierpark Schönbrunn mitteilt, haben offenbar stets ihre eigene Entstehungsgeschichte. Hier zeigte Kaiser FRANZ JOSEF I (1830–1916) stets Interesse an von ihm eingelieferten Vögeln und erkundigte sich regelmäßig nach ihnen. Um den Kaiser nicht zu verstimmen, wurden diese im Todesfalle möglicherweise stillschweigend unter Umgehung der Buchführung ersetzt und so letztlich geradezu unsterblich (FISCHER, pers. Mitt.).

7 Geier durch Schutz- und Management im Aufwind

Für den Schutz der Geier Europas bildet neben gesetzlichen Regelungen eine positive Einstellung der Bevölkerung die Voraussetzung. Notwendig ist oft auch ein begleitendes Management. Die Richtigkeit des seit zwei Jahrzehnten praktizierten Vorgehens bestätigen die dabei erzielten Erfolge.

7.1 Schutzstatus und Schutzkategorien

Die vier europäischen Geierarten werden von allen wichtigen internationalen Abkommen berücksichtigt:

- dem Washingtoner Artenschutzübereinkommen (Convention on International Trade in Endangered Species of Wild Fauna and Flora; abgekürzt CITES genannt) vom 3. März 1973,
- der Verordnung (EG) Nr. 338/97 des Rates über den Schutz von Exemplaren wildlebender Tiere und Pflanzenarten durch Überwachung des Handels vom 9. Dezember 1996,
- der Bonner und Berner Konvention vom 23. Juni 1979 bzw. 19. September 1979 sowie
- der Europäischen Vogelschutz-Richtlinie (79/409/EWG) vom 2. April 1979.

Die Geierarten wurden in die Anhänge II oder im Falle letztgenannter Richtlinie sogar in den Anhang I aufgenommen. Sie gelten damit als bedrohte, streng zu schützende Tierarten, deren Lebensräume erhalten werden müssen. Erwerb, Haltung, Handel u. a. regeln sich nach dem Washingtoner Artenschutzübereinkommen (sind folglich nur mit CITES-Bescheinigung möglich).

Als im europäischen Naturschutz besonders zu berücksichtigende Arten werden die Geier von BirdLife International in der SPEC-Kategorie 3 geführt. Das sind Arten, deren Weltpopulationen sich zwar nicht auf Europa konzentrieren, die aber in Europa einen ungünstigen Status haben (TUCKER & HEATH 1994). Schmutz- und Bartgeier gelten danach als gefährdet (endangered), der Mönchsgeier als verletzlich (vulnerable) und der Gänsegeier als selten (rare). Dem alarmierenden Rückgang des Schmutzgeiers (fast überall Populations- und Arealverluste um mehr als 20 %, oft sogar von mehr als 50 %) stehen bei den anderen Arten nicht nur geringere Abnahmen, sondern teilweise sogar bemerkenswerte Zunahmen gegenüber (s. Kap. 4.4).

Die europäischen Geierarten werden darüber hinaus auch zumeist in der nationalen Naturschutzgesetzgebung berücksichtigt und in entsprechenden „Roten Listen" aufgenommen. Über diese Rahmenbedingungen hinaus sind aber konkrete legislative und exekutive Maßnahmen erforderlich. Als unverzichtbar erweisen sich nationale Einrichtungen — wie beispielsweise ICONA (Instituto Nacional para la Conservacion de la Naturaleza) in Spanien — die regionale Aktivitäten laufend koordinieren und kontrollieren sowie die zuständigen Behörden beraten und interessierte Bevölkerungskreise informieren. Dies trug entscheidend zum Aufschwung der spanischen Geierbestände bei (HEREDIA & HEREDIA 1991). Die Mehrzahl der Staaten Süd- und Osteuropas — darunter auch das EU-Land Griechenland — hat die internationalen Abkommen zwar ratifiziert, ohne sie jedoch oft auch nur ansatzweise in nationales Recht umzusetzen.

7.2 Was ist für einen effektiven Geierschutz erforderlich?

Die globale Gefährdung der Geier durch politische und wirtschaftliche Entwicklungen ist vielfach allein durch Schutzmaßnahmen nicht beeinflussbar. Zur langfristigen effektiven Erhaltung ihrer Bestände bildet nach NEWTON (1979), PALMA (1985), SHHERBAKA (1994) u. a. die Sicherung ihrer Ernährungsgrundlage die Voraussetzungen. Dazu tragen in besonderer Weise bei:

- eine Erhaltung elementarer Formen der Haustierhaltung (insbesondere der von Schafen und Ziegen) und
- die Anhebung des Wildbestandes (Gämsen, Steinbock, Mufflon u. a.).

Allein auf der Grundlage des Natur- und Umweltschutzes fehlt es hierfür aber meist an den nötigen Voraussetzungen. Oft werden positive Ergebnisse schon dann erzielt, wenn es gelingt, gegen die Geier gerichtete ungesetzliche Aktivitäten einzudämmen und saisonal auftretende Nahrungsengpässe (etwa durch Anlage winterlicher Futterplätze) zu überbrücken. Eine zentrale Bedeutung erlangen dabei Schutzvorhaben begleitende Bildungs- und Aufklärungsprogramme.

Ein wirksamer Geierschutz muss sich daher an den bestehenden Möglichkeiten orientieren sowie nach HEREDIA & HEREDIA (1991) und TEWES (1998a) auf folgende Schwerpunkte konzentrieren:

- Absichern der Ernährungsgrundlage bis hin zum Einrichten von Futterplätzen, die unter Berücksichtigung der jeweiligen jahreszeitlichen Bedürfnisse regelmäßig mit Kadavern und Schlachtabfällen zu beschicken sind.
- Neben der Unterbindung jeglicher Nachstellung, ist das Verbot Gift auszulegen strikt durchzusetzen.
- Intensivieren des Horst- und Habitatschutzes durch Überwachung, um Störungen durch Beobachter, Fotografen oder touristische Aktivitäten zu vermeiden. Bei Erschließungsmaßnahmen wie dem Bau von Straßen, Kraftwerken oder Tourismuseinrichtungen ist den Belangen des Geierschutzes kontrolliert Rechnung zu tragen.
- Überwachen des gesamten Brutverlaufes gefährdeter Paare, damit zur Gewährleistung des Bruterfolges ggf. eingegriffen werden kann.

Allein der Unterhalt von Futterplätzen erfordert einen erheblichen Aufwand. So wurden 1977 für die Gänsegeier in den Hohen Tauern 16 Jungrindkadaver ausgelegt (WALTER 1981). In den Pyrenäen richtete man vor allem für jugendliche Bartgeier nach 1981 sieben Futterplätze (Navarra 1, Aragon 4 und Katalonien 2) ein, die zwischen November und Mai alle 8–10 Tage mit Kadavern und Schlachtabfällen in Mengen zwischen 500–1500 kg (jährlich Gesamtmenge ca. 7000 kg) beschickt werden (HEREDIA & HEREDIA 1991). Inzwischen hat sich ihre Zahl auf 16 in den spanischen und 13 in den französischen Pyrenäen erhöht (HEREDIA & RAZIN 1998). Im Projektgebiet für den Gänsegeier in den Cevennen legte allein eine der beteiligten Organisationen (FIR) jährlich 9 t Fleisch aus (TERRASSE 1989).

7.3 Artenschutz und Wiederansiedlungsprojekte

Es sind vor allem anspruchsvolle Wiederansiedlungsvorhaben, die Geier und ihr Schutzbedürfnis in weiten Bevölkerungskreisen populär gemacht haben. Oft profitierten von derartigen Projekten noch andere Arten (etwa große Greifvögel, Rabenvögel) und auch der touristische Wert von Landschafts- und Naturschutzgebieten (etwa Hohe Tauern, Cevennen etc.) erhöhte sich damit. Gute Voraussetzungen sind noch dadurch gegeben, dass inzwischen alle Geier regelmäßig in Gefangenschaft gezüchtet werden können (STREHLOW 1990).

Die Fülle der im Rahmen solcher Vorhaben zu lösenden Aufgaben erfordert zumeist große Teams aus hauptamtlichen und freiwilligen Mitarbeitern. Neben Tätigkeiten im unmittelbaren Projektverlauf (Haltung und Zucht, Freilassung und Monitoring) stehen viele, oft nur von Spezialisten lösbare Aufgaben an, wie Geschlechtsbestimmung und Markierung von Vögeln, Zusammenarbeit mit Behörden sowie das Stellen von Anträgen und Einholen von Genehmigungen bei internationalem Austausch von Zucht- und Nachzuchtvögeln etc.

Zu allererst musste aber die regelmäßige Nachzucht später in Freiheit überlebensfähiger Vögel abgesichert werden. Eine Prägung der Jungvögel auf menschliche Partner, galt es zu vermeiden, weil sie sonst im Erwachsenenalter für das Projekt fast wertlos werden. Die Lösung dieses Problems erforderte bei jeder Art ein anderes Vorgehen.

Schmutzgeier

Schutzmaßnahmen für den Schmutzgeier erwiesen sich in Europa wegen der rückläufigen Ernährungsgrundlage (s. Kap. 4.3) als wenig effektiv. Dem kann auch durch Einrichtung von Futterplätzen kaum begegnet werden (VLACHOS et al. 1998). Das für ihn erforderliche Auslegen kleindimensionierter Futterbrocken, die in südlichen Breiten schnell austrocknen und dadurch für die Vögel hart und ungenießbar werden, ist äußerst aufwendig. Dafür stellen sich jedoch gewisse Erfolge in Verbindung mit Projekten für große Geier ein. An Futterplätzen für Großgeier (wie in den Pyrenäen und Ostrhodopen) profitieren Schmutzgeier stets mit, da beim Öffnen von Großtierkadavern immer geeignete Stücke abfallen. 1982 stellten sich in den Cevennen Schmutzgeier von selbst am Freilassungsplatz von Gänse- und Mönchsgeiern ein. 1988 bildete sich erstmals ein Paar (TERRRASSE et al. 1994).

Demgegenüber bleibt es fraglich, ob durch Freilassung gezüchteter Jungvögel — ein entsprechendes Vorhaben wird für Süditalien konzipiert — ein Erfolg zu erzielen ist. Jungvögeln dürfte vor allem die Betreuung durch die Altvögel auf dem Zug fehlen (s. Kap. 4.5.2). Wo die Art mangels Höhlungen an offenen Felswänden brütet, können Brutpaare oft nur durch Stabilisierung der Horstunterlagen erhalten werden (MILTSCHEW 1996).

Auch in Südafrika strebt man seit 1991 die Wiederansiedlung des Schmutzgeiers, den die Buschmänner hier einst treffend Ouri-Gorab

(„Weiße Krähe") nannten, in seinem früheren isolierten Brutgebiet auf der Südhalbkugel an. Zur Begründung einer standorttreuen Population sollen Vögel aus einem israelischen Zuchtstamm dienen. 1998 glückte erstmals die Aufzucht eines Jungvogels in Gefangenschaft (VERDOORN 1998). Im Erfolgsfall bekäme der Süden Afrikas dann ein bemerkenswertes, aus noch nicht völlig geklärten Gründen in den 30er Jahren ausgestorbenes Faunenelement zurück (MUNDY et al. 1992).

Bartgeier

Sporadisch bis in die Gegenwart auftretende Einzelvögel nährten die Hoffnung, dass sich im Alpenraum vereinzelt Brutvorkommen des Bartgeiers erhalten haben könnten. Dies ließ zugleich an die Möglichkeit einer Wiederansiedlung denken, wofür bereits STEMMLER (1932) konkrete Vorschläge unterbreitet hatte. Ein Vorhaben von GEROUDET (1974), in den 1970er Jahren aus Afghanistan stammende Bartgeier in den Alpen freizulassen, scheiterte jedoch (LÜCKER 1999).

Erfolgreiche Gefangenschaftszuchten des Bartgeiers zwischen 1915 und 1926 im Sofioter Zoo und ab 1973 im Alpenzoo Innsbruck (THALER & PECHLANER 1979) begründeten das Konzept, gezüchtete Bartgeier auszuwildern. Nach der dabei praktizierten „Hacking-Methode" werden Jungvögel, die sich mit Abklingen des Kainismus 3–4 Wochen vor dem Flüggewerden im vorgesehenen Auswilderungsrevier in Kunsthorste gesetzt. Vorher müssen sie getrennt gehalten werden (s. Kap. 6.6). Nach dem Ausfliegen erschließen sie sich, wie es für flügge Junggeier üblich ist, ihr Umfeld und werden zunehmend auch in ihrer Ernährung selbständig (FREY & BIJLEVELD 1994). Das 1978 mit Unterstützung der Zoologischen Gesellschaft Frankfurt, der Veterinärmedizinischen Universität Wien und des World Wildlife Fund ins Leben gerufene „Projekt zur Wiederansiedlung des Bartgeiers in den Alpen" bezog alle Anrainerstaaten ein und wurde so den Erfordernissen dieser anspruchsvollen Zielstellung gerecht (PACHLATKO & BAUMGARTNER 1991).

Dem Aufbau eines Zuchtstammes in der Wiener Zuchteinheit (VBU) in Kooperation mit rund 30 assoziierten, überwiegend europäischen Tierparks und Zoos, deren Bartgeiernachzuchten gleichfalls dem Projekt zur Verfügung gestellt wurden, kommt dabei besondere Bedeutung zu. 1999 umfasste der Zuchtstamm 125 Gehege-Bartgeier mit 25 legenden Brut-

Abb. 7.1: Bartgeierpaar in einer Voliere der Wiener Zuchteinheit (VBU-Vienna Breeding Unit). Foto: W. Baumgart.

paaren, von insgesamt 48 Vögeln, davon allein acht in der VBU. Von 202 bisher aufgezogenen Bartgeiern wurden 88 freigelassen. Die restlichen dienten dazu, den Zuchtstamm zu erneuern und aufzustocken.

Die hierfür erwachsenen Kosten beliefen sich bisher auf insgesamt 4,5 Mio. DM, wovon allein 1,7 Mio. DM für den Zuchtbereich abzuzweigen waren. Daraus lässt sich für jeden bisher freigelassenen Vogel ein Wert von etwa 90 TDM errechnen. Kommen, wie im Falle des Bartgeiers Republic 5, noch die Aufwendungen für eine bis zum Abschuss fünfjährige Freilandbetreuung hinzu, erhöht er sich auf rund 150 TDM. Diese für manchen beeindruckend hohen Kosten, nehmen sich im internationalen Vergleich mit ähnlichen Vorhaben jedoch bescheiden aus. So wird der Wert für einen Kalifornienkondor im Wiederansiedlungsprojekt (s. Kap. 7.4) mit ca. 3 Mio. DM veranschlagt (Frey 1998).

Diese Erfolge — 1999 wurde mit 25 aufgezogenen Bartgeiern das bisher beste Ergebnis erzielt — belegen die gewachsene Erfahrung und das perfekte Management auf wissenschaftlicher Grundlage. Bereits im Herbst des Vorjahres werden die Zuchtpaare in optimal gestalteten Einzelvolieren durch artgerechte Fütterung auf das folgende Brutjahr eingestimmt. Neben Fleisch erhalten sie zerhackte Knochen und tote Kleintiere (Meerschweinchen, Kaninchen). Durch rechtzeitige Entnahme von Zweitnestlingen, die sonst durch Kainismus umkommen würden, und auch Erstgelegen (was Nachgelege induziert), lässt sich die Reproduktionsrate vor allem von genetisch wichtigen Paaren erheblich steigern (s. Kap 6.5 und 6.6). Zur Vermeidung von Fehlprägungen bei Handaufzucht sind so gewonnene Junge durch Ammenvögel — meist selbst fehlgeprägte oder aus anderen Gründen nicht zur Brut geeignete Altvögel — aufzuziehen (THALER & PECHLANER 1979, FREY et al. 1995).

Der Erfolg eines Projektes beruht nicht zuletzt auf einem breit gefächerten Mitarbeiterstab und auf einer umfassenden Öffentlichkeitsarbeit. Eigene Schriften — darunter zwischen 1979 und 1994 das „Gypaetus Barbatus Bulletin" in 15 Ausgaben, seit 1994 die „Bearded Vulture Annual Reports" und ab 1999 „Der Bartgeier, Monitoring-News" — informieren über Verlauf, Probleme und Perspektiven des Projektes. Sie bringen aber auch eine Fülle von Beiträgen aus allen Bereichen der Geierforschung (FREY & WALTER 1988, FREY & LLOPIS 1998).

Als optimale Freilassungsplätze (in Klammer der Beginn der Freilassung, gefolgt von der Zahl der bis einschließlich 1999 freigelassenen Junggeier) wurden Rauris im östereichischen Nationalpark Hohe Tauern (1986: 29), Hoch-Savoyen in Frankreich (1987: 27), der Schweizer Nationalpark im Engadin (1991: 17) und der französisch-italienische Nationalpark Argentera-Mercantour (1993: 15) ermittelt. Bei den 88 freigelassenen Junggeiern handelt es sich um 36 Männchen, 43 Weibchen sowie neun Vögel unbekannten Geschlechts von 24 verschiedenen Paaren. Infolge des sich so abzeichnenden Männchenmangels können offenbar schon jetzt nicht alle potentiellen Brutreviere besetzt werden (s. Kap. 6.5). Die Zahl der 1998 in den Alpen freilebenden Bartgeier ist nach Abzug von rund zehn

Abb. 7.2: Freigelassene Bartgeier sind durch ausgebleichte Federpartien markiert und bis zur Mauser ins Übergangskleid für 2–3 Jahre individuell gut in Freiheit zu bestimmen (aus BVAR 1998).

verendeten, sechs verschollenen und lediglich vier nicht selbständig gewordenen Junggeiern mit über 60 zu veranschlagen (FREY, pers. Mitt.).

Die jungen Bartgeier fügten sich schnell in alle Gegebenheiten ihres Umfeldes ein. Sie wählten vor Lawinen und Steinschlag sichere Ruhe- und Schlafplätze. Nach zwei Monaten waren sie meist in ihrer Ernährung selbständig und mussten kaum noch gefüttert werden. Gegenüber Steinadlern vermochten sie sich bald zu behaupten, wobei in einigen Fällen ältere Vögel jüngeren zu Hilfe kamen (WEINZETTL 1998). Bereits nach wenigen Wochen waren sie im Horizontalflug schneller als die Adler und flogen ihnen einfach davon (FREY 1986, 1988).

Seit 1989 kam es zu Paarbildungen und ab 1991 wurden Horste gebaut. Die erste erfolgreiche Brut (nach erfolglosem Verlauf im Vorjahr) fand 1997 in Hoch-Savoyen statt. Die Eltern „Melchior" und „Assignat" waren 1988 bzw. 1989 hier freigelassen worden (folglich neun bzw. acht Jahre alt). Der Junggeier, von den Medien überschwänglich als „Jahrhundertvogel" gefeiert, schlüpfte am 11. April und flog am 5. August 1997 aus. In Anlehnung an den altägyptischen stets wiedererstehenden Sagenvogel wurde er „Phoenix" genannt (HEURET & ROUILLON 1997). 1998 brütete ein weiteres Paar am Stilfser Joch erfolgreich (JENNY 1998). Von vier 1999 zur Brut schreitenden Paaren (je zwei in Frankreich und Norditalien) war wiederum nur das in Hoch-Savoyen erfolgreich (FREY, pers. Mitt.). Drei junge Bartgeier (zwei in Italien, einer in Frankreich) flogen 2000 in den Alpen aus.

Abb. 7.3: Freigelassene junge Bartgeier auf dem Weg in die Selbständigkeit (Rauris/Krumltal). Foto: A. GAMAUF.

Damit ist der Bartgeier wieder Brutvogel der Alpen. Das bisher sehr erfolgreiche Projekt muss jedoch bis zur Bildung einer stabilen, sich selbst tragenden Population noch über Jahre fortgeführt werden, wobei zehn freibrütende Paare als unteres Limit anzusehen sind (FREY 1999). Die dabei gesammelten Erfahrungen sind nicht nur für die Wiederansiedlung der Art in anderen Gebieten (etwa Andalusien), sondern auch für andere Arten unter analogen Voraussetzungen bedeutsam. Das Wissen über den Bartgeier wurde im Projektverlauf in gut einem Jahrzehnt auf unvergleichliche Weise vervollständigt und verdient durch seine Praxisrelevanz besondere Wertschätzung.

Mönchsgeier

Der europäische Mönchsgeierbestand sank Anfang der 80er Jahre auf nur noch ca. 300 Brutpaare ab (MEYBURG & MEYBURG 1983). Diese bedrohliche Situation bildete 1986 den Anlass zur Gründung der „Black Vulture Conservation Foundation“ (BVCF), deren Ziel darin bestand, alle Bestrebungen und Aktivitäten zum Schutz und Management dieses Geiers europaweit zu koordinieren. Offiziell in den Niederlanden mit einer spanischen Niederlassung auf Mallorca registriert, befindet sich das Sekretariat der BVCF in der Schweiz. Das Projekt wird vor allem von der Zoologischen Gesellschaft Frankfurt, dem Wassenaar Wildlife Breeding Centre (WWBC) und dem WWF-Österreich getragen und finanziert. Weitere private Spenden sichern es zusätzlich ab (TEWES 1998a).

Neben der Erfassung des europäischen Bestandes und seiner Bedrohung durch illegale Vergiftungsaktionen, Habitatverluste infolge forstwirtschaftlicher Maßnahmen etc., gehören Bemühungen um die rechtliche Verbesserung des Schutzstatus und Entwicklung effektiver Organisationsstrukturen sowie Wiederansiedlungsprojekte zum Hauptanliegen des BVCF. Diese schließen ein Zuchtprogramm im Rahmen eines „Breeding Networks“ (unter Einbeziehung zahlreicher Zoos und Tierparks) sowie die Pflege in menschliche Obhut gelangter Vögel (meist spanischer Herkunft) zur bestmöglichen weiteren Nutzung ein.

Mallorca wurde mit seinem Pilotprojekt zum Experimentierfeld des Mönchsgeier-Managements und -schutzes in Europa. Hier zählte man

Abb. 7.4: EVELYN TEWES mit Mönchsgeier. Foto E. TEWES.

1986 nur noch 20 Individuen. Von drei Paaren im nordöstlichen Küstenbereich brütete im Durchschnitt jährlich nur eines erfolgreich. Da sich diese Vögel am Horst als extrem scheu erwiesen, gefährdeten schon geringste Störungen den Bruterfolg. Es galt daher nicht nur den Bestand aufzustocken, sondern auch störungstolerantere Vögel in die Population einzubringen, um so den Grundstock für eine Wiederbesiedlung anderer Inselbereiche zu legen (BAUMGART 1993b, TEWES 1996).

Zur Auswilderung gezüchteter oder als Jungvögel in menschliche Obhut gelangter Mönchsgeier bewährte sich — wie im Bartgeier-Projekt — zwischen 1984 bis 1992 ebenfalls die „Hacking-Methode". Auch nach dem Verlassen des Horstes halten die in der Endphase der Nestlingszeit gemeinsam aufgewachsenen jungen Mönchsgeier zusammen und integrieren sich vor allem über Kontakte an nahen Futterplätzen schrittweise in die Wildpopulation. Von zwölf so ausgewilderten Jungvögeln fanden elf Anschluss an die Wildpopulation (92 %) (TEWES 1996, 1998b).

1993 war der Bestand schon auf 50–52 Individuen angestiegen und ein Paar brütete erstmals außerhalb des nordöstlichen Inselbereiches. Nachdem 1995 acht Horste besetzt und aus sechs Gelegen fünf Jungvögel flügge geworden waren, stieg die Mallorca-Population 1996 wieder auf 73±12 Vögel, was dem Stand Anfang der 70er Jahre entspricht. Ohne dieses Projekt wäre das Aussterben des Mönchsgeiers auf der Insel wohl kaum zu verhindern gewesen (TEWES 1998a, TEWES et al. 1998b). Diese Entwicklung setzte sich bis 1998 mit 10 BP (besetzte Horste), 7–8 Gelegen und fünf flüggen Jungvögel fort, von denen allerdings einer am 20.8.1998 mit Strychnin vergiftet tot aufgefunden wurde. Gegenwärtig wird

Abb. 7.5: Oben: Der Freilassungsplatz für junge Mönchsgeier auf Mallorca. Foto: J. J. SANCHES/E. TEWES. Unten: „Europa“, der erste 1996 von einem freilebenden Mönchsgeierpaar aufgezogene Jungvogel in den Cevennen. Foto: C. BAGNOLINI.

die Entwicklung des Bestandes ohne zusätzliche Freilassungen verfolgt. Die in den Jahren des Projektverlaufes auf Mallorca erzielten Ergebnisse trugen entscheidend zur Vervollständigung unseres Wissens über die Biologie dieser Art bei.

Nachfolgende Projektvorhaben wie die Stützung einer 1987 entdeckten, offenbar nie sieben Vögel und ein bis zwei Brutpaare übersteigenden Ansiedlung am Olymp sowie ein Ansiedlungsprojekt auf Sardinien mussten dagegen aufgegeben werden. Die Mönchsgeier am Olymp wurden wahrscheinlich zwischen 1990 und 1992 vergiftet. Der letzte Mönchsgeier Sardiniens, der für zur Ansiedlung freigelassene jugendliche Vögel als „Mentor" vorgesehen war, verschwand 1991.

Demgegenüber brachte die parallel zum bereits laufenden Gänsegeierprojekt in den südfranzösischen Cevennen gestartete Wiederansiedlung des Mönchsgeiers einen überraschend schnellen Erfolg. Nach Vorbereitungen zwischen 1989 und 1991 erfolgten 1992 erste Freilassungen („Hacking-Methode"), die bis 1997 mit insgesamt 25 Vögeln fortgesetzt wurden. Von diesen überlebten bisher 20 in Freiheit. 1996 kam es mit Ausfliegen des Jungvogels „Europa" zur ersten erfolgreichen Freibrut. Von vier 1997 zur Brut schreitenden Paaren war aber keines erfolgreich (BAGNOLINI & TEWES 1998, TERRASSE & BAGNOLINI 1998). 1998 hatten fünf BP vier Gelege, doch nur ein Jungvogel wurde flügge, während 1999 sechs BP fünf Gelege zeitigten, drei Jungvögel schlüpften, zwei davon aber in frühem Alter verendeten und wiederum nur einer ausflog (TEWES pers. Mitt.).

Das einzige südosteuropäische Vorkommen des Mönchsgeiers im Dadia-Forst (Griechisch-Thrakien) sank 1987 auf 36 Vögel und sechs BP ab. Intensivierte Schutzmaßnahmen führten nach 1990 zu einem erneuten Anstieg des Bestandes auf gegenwärtig 80–90 Vögel, darunter 20 BP (SPYROPOULOU 1998, TEWES 1998a, POIRAZIDIS et al. 1998). Für die Wiederbesiedlung Bulgariens bildet dieses Vorkommen die Voraussetzung (s. Kap. 4.4.1).

Künftige Wiederansiedlungen sind auf Sardinien vorgesehen. Entsprechende Vorhaben für Kroatien, Serbien, Bulgarien und Rumänien werden noch geprüft. Auch die Erhaltung der letzten Mönchsgeier auf der Krim hat hohe Dringlichkeit. Zur Förderung einer von Spanien aus zu erwartenden Neubesiedlung Portugals sind begleitende Schutzmaßnahmen angezeigt (MONTEIRO & ROCHA 1998).

Die spanische Festlandspopulation umfasst heute weit über 1000 Brutpaare (1993: 1027 BP). Trotz eines gesetzlich klar umrissenen Schutzstatus sind selbst die spanischen Mönchsgeier nicht frei von einschneidenden Bedrohungen (s. Kap. 4.2). Dies verdeutlicht, dass trotz beeindruckender Erfolge des Mönchsgeierschutzes und –Managements auf unserem Kontinent seit den 80er Jahren auf eine gesamteuropäische Koordination aller entsprechenden Aktivitäten und Maßnahmen auch künftig nicht verzichtet werden kann.

Gänsegeier

Die Wiederansiedlung des Gänsegeiers in den Cevennen (Südfrankreich), wo die Art bis 1946 systematisch ausgerottet wurde, ist das erste derartige Großprojekt im Weltmaßstab. Die Vorbereitungen begannen 1968 mit einer breit angelegten Öffentlichkeitsarbeit, der Durchsetzung eines Verbotes im Projektgebiet Giftköder zu legen, dem Aufbau eines 50 Individuen umfassenden Zuchtstammes in menschlicher Obhut und der Bearbeitung einer Reihe praktischer Fragen (Markierung, Einrichtung von Futterplätzen und deren Beschicken etc.). Der Freilassungsplatz befindet sich nahe den letzten historischen Brutplätzen im Bereich des Zusammentreffens der Canyons von Tarn und Jonte.

Im Dezember 1981 wurden fünf Paare aus zwei- bis vierjährigen Altvögeln freigelassen. Sie hatten bereits aus der Voliere einen nahen, mit verendetem Vieh beschickten und schon von Rabenvögeln genutzten Futterplatz einsehen können. Die Vögel waren in den ersten Wochen nur wenig aktiv, verließen aber, abgesehen von einzelnen Ausnahmen, auch in den folgenden Jahren kaum das Umfeld des Freilassungsplatzes. Erst 1985 begannen sie stärker zu expandieren.

Diese Auswilderungsstrategie setzt auf die Geselligkeit des Gänsegeiers. So kann im Unterschied zu dem bei Bart- und Mönchsgeier praktizierten Vorgehen („Hacking-Methode“ mit flügge werdenden Jungvögeln) bei der Freilassung auf Altvögel zurückgegriffen werden. Sowohl der Futterplatz als auch die Volierenvögel, von denen ein Teil infolge Verletzungen flugunfähig war, zogen freifliegende Vögel an. Von diesen siedelten sich die meisten an einem nur knapp 300 m entfernten Felsen an. Weitere freigelassene Geier — zwischen 1981 und 1986 waren es insgesamt 67 — integrierten sich problemlos in den Verband (TERRASSE 1989). Ihr Aktionsraum ging meist nicht über eine Fläche von 100 km² hinaus. Nur einzelne Stücke verstrichen bis zu 700 km Entfernung und kehrten — teilweise auch gemeinsam mit Wildvögeln aus den Pyrenäen — zurück. Zu einschneidenden Verlusten führte das Anfliegen an Hochspannungsleitungen (10 Todesfälle zwischen 1981 und 1991).

Den anfangs erheblichen Fütterungsaufwand in Tonnendimension bestritten mehrere Organisationen. In den letzten Jahren wurden die Geier aber zunehmend unabhängig. Nach Hochrechnungen können die im Gefolge der Weideviehhaltung in den Cevennen sporadisch anfallenden Ka-

Abb. 7.6: Oben: Freilassungsplatz für Gänsegeier in den italienischen Ostalpen (Riserva Naturale del Lago di Cornino/Friuli-Venezia Giulia). Unten: Mit Flügelmarke markierter Gänsegeier aus Kroatien sucht Anschluss an Projektvögel in den italienischen Ostalpen. Vögel mit derart auffälligen Flügelmarken werden auch im Raurisertal regelmäßig verzeichnet. Fotos: F. Genero.

daher allein den Unterhalt von 550 Gänsegeiern absichern (Anonym 1984, 1988, Bagnolini et al. 1988).

Bereits Ende Februar 1982, nur zwei Monate nach der Freilassung, begann ein Paar zu brüten, weitere folgten im März. Am 16.5.1982 schlüpfte nach rund einem halben Jahrhundert erstmals wieder ein frei erbrüteter Gänsegeier in den Cevennen. Neben der 1985 aus 52 freilebenden Gänsegeiern bestehenden Stammkolonie (12 Paare brüteten und fünf Jungvögel flogen in diesem Jahr aus), bildeten sich Tochterkolonien, mehrere Kilometer entfernt im Canyon des Tarn. Trotz teilweise hoher Jungvogelsterblichkeit (1987: 42 %) stabilisierte sich die Kolonie aus eigenem Nachwuchs. 1991 wurden 17 Jungvögel aufgezogen (einschließlich diesen waren es seit 1982 insgesamt 77). Die jährliche Schlupfrate variierte von 0,25–0,83 % und der Bruterfolg zwischen 14–83 % (TERRASSE 1989, TERRASSE et al. 1994).

1995 lebten in den Cevennen wieder rund 200 Gänsegeier, die etwa 50 BP bildeten. Zwischen 1982 und 1995 flogen 164 Jungvögel aus, was einer jährlichen Zuwachsrate von etwa 10 % entspricht. Im Gefolge des Gänsegeierprojektes startete 1992 das Projekt zur Wiederansiedlung des Mönchsgeiers in Südfrankreich und spontan kam es auch zur erneuten Ansiedlung des Schmutzgeiers in diesem Gebiet (TERRASSE et al. 1994).

Die Ansiedlung von Gänsegeiern kann sich somit relativ unkompliziert gestalten, wenn geeignete Rahmenbedingungen (gesichertes Nahrungsangebot oder regelmäßig abgesicherte Fütterung, geeignete Brutplätze, Akzeptanz in der Bevölkerung und geringe Gefährdung durch Hochspannungsleitungen, Windkraftanlagen etc.) vorliegen. Dies bestätigte sich nicht nur im Zoo Salzburg, sondern auch in den Abruzzen, wo inzwischen nur eine Autostunde von Rom entfernt wieder rund 50 Gänsegeier in Freiheit leben (Inf. Riserva Naturale „Mt. Velino", 1998). 1999 flogen vier Jungvögel aus. Auch in den italienischen Ostalpen (Friuli-Venezia Giulia) bemüht man sich nach entsprechender Vorbereitung seit 1992 Gänsegeier wieder anzusiedeln. Der Bestand beläuft sich gegenwärtig auf rund 40 Vögel, die mehrere Paare bilden und regelmäßig von Gänsegeiern der kroatischen Population besucht werden. 1996 und 1997 flogen je ein Jungvogel aus (PERCO & GENERO 1988, GENERO pers. Mitt. 2000). Auf Sardinien, wo noch 40 BP (130–145 Expl.) des Gänsegeier leben, erfolgen zur Bestandsstützung gleichfalls Freilassungen. Das Nahrungsangebot auf der Insel könnte für 400–600 Gänsegeier reichen (DENTESANI et al. 1989).

7.4 Die Erfolgsgeschichte des Geiermanagements in Europa

Die in Europa mit großen Geiern begonnenen Wiederansiedlungsprojekte verliefen bisher sehr erfolgreich und bestätigten, dass diese Flugriesen auf unserem Kontinent reale Überlebenschancen haben. Durch eine fundierte wissenschaftliche Begleitung wurden Engpässe vor allem im Nahrungsangebot ermittelt und überbrückt. Das Vorgehen in Schutz und Management konnte zunehmend optimiert werden. Als begünstigend erweist sich weiterhin, dass die für die normale Verhaltensentwicklung junger Geier erforderlichen Lerninformationen leichter als für Jungvögel bei anderen Artengruppen (etwa Rauhfußhühnern oder Trappen) bereitgestellt werden können.

Vergleicht man die Ergebnisse mit denen des in Nordamerika seit 1975 laufenden Projektes zur Erhaltung und Wiederansiedlung des Kalifornienkondors, so zeigt sich, dass die Bemühungen im Falle dieses gewaltigen Neuweltgeiers zwar auch spektakuläre Erfolge brachten, indem es gelang, ihn durch Zucht erst einmal vor dem Aussterben zu bewahren. Ob die Wiederansiedlung in der vorgesehenen Form aber Erfolg haben wird, bleibt fraglich. In den Weiten Nordamerikas finden die Vögel wohl nur noch sehr lokal geeignete Existenzbedingungen. Während Altweltgeier sich als sehr reaktions- und anpassungsfähig zeigen und sich trotz divergierender Spezialisierung den wachen, das Umfeld stets in seiner Gesamtheit taxierenden „Greifvogel-Intellekt“ bewahrt haben, ist den Neuweltgeiern dagen eine beharrende „Storchenmentalität“ eigen. Sie haben erhebliche Anpassungsschwierigkeiten und werden, wenn überhaupt, erst nach Monaten selbständig (BAUMGART 1997b). Dies verdeutlicht, dass die Ausgangsposition für Projekte mit Altweltgeiern ungleich günstiger ist als für solche mit Neuweltgeiern.

7.5 Geier erleben und beobachten

Durch die Stabilisierung der europäischen Geierbestände erhöhen sich für Beobachter auch die Chancen, diese beeindruckenden Flugriesen zu Gesicht zu bekommen. Die Annahme, Geier seien wegen ihrer Größe auffällig und leicht zu beobachten, erweist sich dabei in der Praxis oft als Trugschluss. Nicht selten werden diese Flugriesen außerhalb ihrer Rast-, Schlaf-, Brut- oder Futterplätze („Geier-Restaurants“) regelrecht übersehen, was Begegnungen mit ihnen stets zum besonderen Erlebnis werden lässt.

Gänsegeier sind als Hochkreiser am überstrahlten Himmel oft nur schwer auszumachen. Die mehr einzelgängerischen Mönchsgeier fallen trotz ihrer Größe wegen der meist nur geringen Flughöhe im bewaldeten Gelände kaum auf. Auch Bart- und Schmutzgeier fliegen vielfach nicht sonderlich hoch. Da sie aber ihre relativ eng begrenzten Nahrungsreviere regelmäßig auf festen „Flugrouten“ durchstreifen, ist es oft angezeigt an exponierten Punkten einfach zu warten, bis der Geier erfahrungsgemäß

Abb. 7.7: In der Moosenwand im Raurisertal (Hohe Tauern) übernachteten seit Menschengedenken noch vor wenigen Jahren unbeeinträchtigt durch Siedlungsähe und Straßenverkehr den Sommer über bis zu 60 Gänsegeier. Zunehmende Störungen durch Paragleiter und Deltaflieger führten inzwischen zum Ausweichen der Geier in entlegenere Talbereiche (z. B. das Krumltal). Foto: W. BAUMGART.

und nahezu pünktlich „durchfliegt". Häufig wird man nicht zuerst auf die Vögel selbst, sondern ihren Schatten aufmerksam.

Interessierten Mitteleuropäern kann schon ein Wochenende in den Alpen Begegnungen mit Bart- und Gänsegeiern bringen. Im deutschsprachigen Alpenraum bieten sich die Freilassungsplätze für Bartgeier sowohl im Krumltal, einem Nebental des Raurisertales (österreichischer Nationalpark Hohe Tauern), als auch im Schweizer Nationalpark im Engadin und dessen weiterem Umfeld (wie am Stilfser Joch oder Ofenpass) an. Auch in den Allgäuer Alpen glücken neuerdings regelmäßig Bartgeierbeobachtungen. In den Ostalpen (Salzburg) sind darüber hinaus noch übersommernde Gänsegeier anzutreffen. Ein von ihnen regelmäßig genutzter Schlafplatz befindet sich in der Moosenwand unweit der Verbindungsstraße zwischen Rauris und Wörth. Freifliegende Gänsegeier sind im Zoo Salzburg zu sehen.

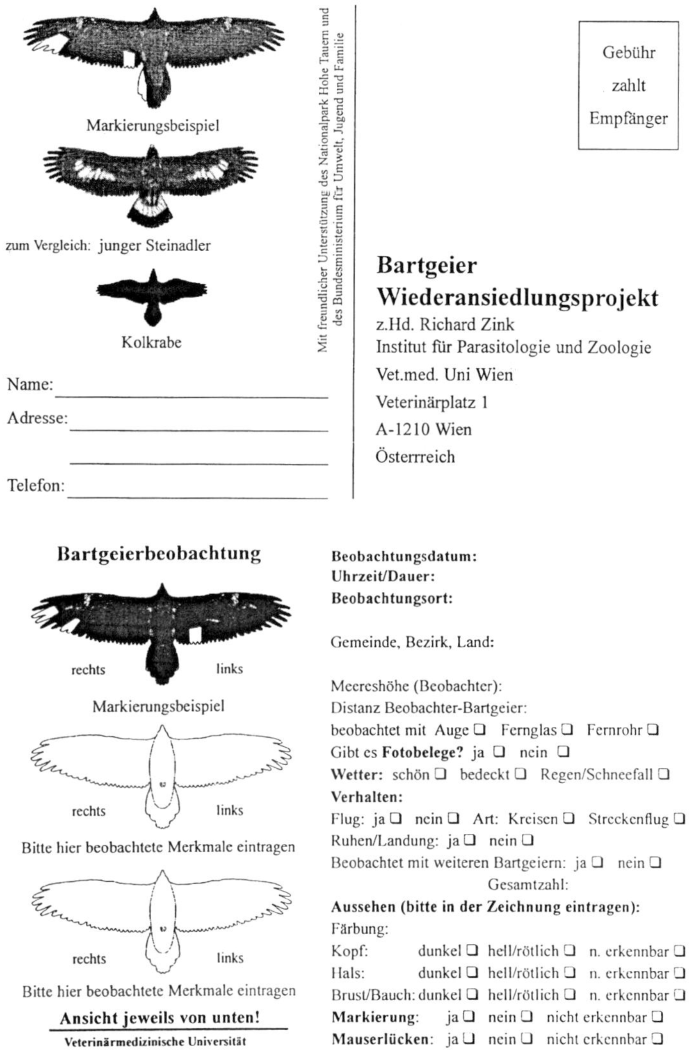
Markierungsbeispiel

zum Vergleich: junger Steinadler

Kolkrabe

Name:

Adresse:

Telefon:

Mit freundlicher Unterstützung des Nationalpark Hohe Tauern und des Bundesministerium für Umwelt, Jugend und Familie

Gebühr zahlt Empfänger

Bartgeier Wiederansiedlungsprojekt
z.Hd. Richard Zink
Institut für Parasitologie und Zoologie
Vet.med. Uni Wien
Veterinärplatz 1
A-1210 Wien
Österrreich

Bartgeierbeobachtung

rechts links

Markierungsbeispiel

rechts links

Bitte hier beobachtete Merkmale eintragen

rechts links

Bitte hier beobachtete Merkmale eintragen

Ansicht jeweils von unten!

Veterinärmedizinische Universität

Beobachtungsdatum:
Uhrzeit/Dauer:
Beobachtungsort:

Gemeinde, Bezirk, Land:

Meereshöhe (Beobachter):
Distanz Beobachter-Bartgeier:
beobachtet mit Auge ❑ Fernglas ❑ Fernrohr ❑
Gibt es **Fotobelege?** ja ❑ nein ❑
Wetter: schön ❑ bedeckt ❑ Regen/Schneefall ❑
Verhalten:
Flug: ja ❑ nein ❑ Art: Kreisen ❑ Streckenflug ❑
Ruhen/Landung: ja ❑ nein ❑
Beobachtet mit weiteren Bartgeiern: ja ❑ nein ❑
Gesamtzahl:
Aussehen (bitte in der Zeichnung eintragen):
Färbung:
Kopf: dunkel ❑ hell/rötlich ❑ n. erkennbar ❑
Hals: dunkel ❑ hell/rötlich ❑ n. erkennbar ❑
Brust/Bauch: dunkel ❑ hell/rötlich ❑ n. erkennbar ❑
Markierung: ja ❑ nein ❑ nicht erkennbar ❑
Mauserlücken: ja ❑ nein ❑ nicht erkennbar ❑

Abb. 7.8: Meldepostkarte für Beobachtungen von Bartgeiern aus dem Wiederansiedlungsprojekt, auf der Beobachtungsdaten und erkannte Markierungen einzutragen sind. Dem Größenvergleich dienen Darstellungen von Bartgeier, Steinadler und Kolkrabe. Zu beachten ist, dass auffällig helle Flügel- und Schwanzzeichnungen im Gefieder junger Steinadler schon für Markierungen gehalten wurden und zu Fehlmeldungen führten.

Auf einigen Urlaubsinseln im Mittelmeer bieten sich wie folgt günstige und vor allem sichere Beobachtungsmöglichkeiten:
- Menorca: Schmutzgeier,
- Mallorca: Mönchsgeier (vor allem im 'gebirgigen Nordosten um das Kloster Lluc und Castel Rei) und
- Kreta: Bart- und Gänsegeier (in allen Teilen und Höhenlagen der Insel, insbesondere aber im Lefka Ori, der Gipfelzone des Stayros im Idhi Oros und im Dhikti Oros, sowie in wenig erschlossenen Bereichen von Hochlagen und der Südküste bei Chora Sfakion, Agia Roumeli und um Moni Preveli).

Für das Aufsuchen weiterer, sich aus den Verbreitungskarten (s. Kap. 4.4) ergebender Beobachtungsplätze, sind einschlägige Feldführer zu empfehlen: „Finding Birds in ...“ – Gostours guide, Sheffield, „A birdwatching guide to...“ Arlequin Press. - Chelmsford, Essex sowie „Where to watch birds in ...“ - A & C Black, London. Diese erleichtern mit Einzelheften über Teile Spaniens sowie über Portugal, Frankreich, Österreich, Bulgarien, Griechenland, Zypern, die Türkei oder auch Israel die Suche nach Geiern. Oft sehr detaillierte Angaben über günstige Beobachtungsplätze und -zeiten sowie zu erwartende Individuenzahlen ermöglichen selbst Durchreisenden eindrucksvolle „Geiererlebnisse“. Dabei sind aber stets geltende Naturschutzbestimmungen zu beachten, die beispielsweise in Spanien das Aufsuchen der „Koloniegebiete“ des am Horst sehr störungsempfindlichen Mönchsgeiers strikt untersagen.

Zur Optimierung von Schutz- und Managementvorhaben ist die möglichst lückenlose Erfassung von Geierbeobachtungen unerlässlich. Meldungen über Beobachtungen von oft individuell markierten Projektvögeln (Mönchsgeier auf Mallorca und in Südfrankreich, Bartgeier in den Alpen) stammen zu einem erheblichen Teil von freien Beobachtern.

Am Monitoring im Rahmen des Bartgeierprojektes der Alpen beteiligen sich gegenwärtig allein in Österreich rund 1600 Beobachter. In Bayern sind es etwa 200 (ZINK pers. Mitt.). Diese melden ihre Beobachtungen vornehmlich aus dem deutschsprachigen Alpenraum auf vorgedruckten Postkarten (Abb. 7.8) an das Institut für Parasitologie und Zoologie der Vet. med. Universität Wien, Veterinärplatz 1, A-1210 Wien. Die Verantwortlichen der Wiederansiedlungsprojekte setzen geradezu auf die Akzeptanz und breite Mitarbeit der Bevölkerung, ohne die auf Dauer keine Erfolge erzielt werden können.

Außereuropäische Geier

Der heutige Erlebnistourismus ermöglicht auch Begegnungen mit Geiern in anderen Erdteilen. Ihre ernährungsmäßige Abhängigkeit von großen herdenbildenden Huftieren offener Landschaften erklärt, warum sie in Australien und auf einigen großen Inseln wie Madagaskar oder Sri Lanka seit jeher fehlen.

Unseren Schmutzgeier, der auch Afrika und Südasien bewohnt, vertritt in stärker bewaldeten Zonen Afrikas als Abfallsammler, der nicht näher mit ihm verwandte dunkle Kappengeier. Der Bartgeier ist in den Hochlagen Asiens weit verbreitet und kommt auch noch in einigen Gebirgen Nord-, Ost- und Südafrikas vor. Als Knochenverwerter (deshalb auch „Fliegende Hyäne" genannt) ein altweltliches „Unikat", hat er kein neuweltliches Gegenstück. Dem Mönchsgeier ähnlich sind große, dunkle und zugleich starkschnäblige „Solitär-Geier" anderer Regionen, wie der Kahlkopfgeier in Süd-Asien, der Ohrengeier im Vorderen Orient und Afrika sowie der teilweise mit letzterem in Afrika sympatrisch vorkommende etwas kleinere Wollkopfgeier. Sie alle dringen als Baumhorster auch meist in stärker bewaldete Gebiete vor. Mehrere, in ihrer Lebensweise stets gesellige *Gyps*-Arten vertreten den Gänsegeier, der auch im nördlichen Afrika sowie im westlichen Süd- und in Teilen Zentral-Asiens brütet, in anderen altweltlichen Regionen. In Asien (Ostpaläarktis und Orientalis) sind dies der weitgehend auf das Himalaya beschränkte Schneegeier sowie vor allem südlich dieser Gebirgskette der Dünnschnabelgeier und der kleinere Bengalgeier. Die Populationen der beiden letztgenannten Arten brechen in den letzten Jahren geradezu dramatisch zusammen. Das zentrale Afrika bewohnt der Sperbergeier, den Süden des Kontinentes der Kapgeier. Neben diesen beiden großen Geiern kann wiederum mit dem Weißrückengeier sympatrisch eine kleinere Art auftreten. In den Grundzügen ihres Verhalten und in der Lebensweise stimmen alle diese *Gyps*-Arten weitgehend überein, erinnern folglich stets an den Gänsegeier. Die beiden kleineren Arten brüten aber nicht an Felsen sondern auf Bäumen.

Ein Sonderling, dessen Zugehörigkeit zu den Geiern noch strittig erscheint, ist der afrikanische Palmgeier oder auch Geierseeadler.

Neuwelt- oder Storchengeier sind zwar auf Grund von Habitus, Lebensweise und einer Reihe Verhaltensmerkmale für Beobachter zweifelsfrei als „Geier" identifizierbar. Doch in ihrer Lebensweise können sie nicht immer eindeutig analog zu altweltlichen Arten eingeordnet werden.

Die beiden Kondore, in den Anden Südamerikas der Andenkondor, im Südwesten der USA der Kalifornienkondor, sind riesige dunkle Vögel mit auffälligen hellen Flügelfeldern. Als ausgeprägte Universalgeier erscheinen sie jedoch eher als geographische Vertreter und Gegenstücke des Mönchsgeiers und anderer Soltär-Geier, als der *Gyps*-Arten. Der ausgeprägteste Solitär-Geier unter den Neuweltgeiern ist der Waldgebiete und Savannen Süd- und Mittelamerikas bewohnende, nach dem schlichten Jugend- ein farbenpächtiges Alterskleid anlegende Königsgeier.

Den vom südlichen Kanada bis Feuerland verbreiteten Truthahngeier wird kein Amerika-Reisender übersehen. Systematisch sowie in Lebens-

und Verhaltensweise (die Kadaversuche erfolgt geruchsorientiert in Wäldern) stehen ihm der Kleine und der Große Gelbkopfgeier nahe, die nur in Teilen Süd- und Mittelamerikas bzw. vor allem im Amazonasgebiet vorkommen. Der gesellige, nahezu in ganz Süd- und Mittelamerika sowie im südlichen Nordamerika auftretende Rabengeier ist gut zu Fuß, findet Aas aber nicht nach dem Geruch. Die kleinen Neuweltgeier sind als Abfallsammler nur bedingt als Gegenstücke des Schmutzgeiers anzusehen und eher den altweltlichen Milanen in ihrer Rolle als Abfallverwerter vergleichbar.

Tab. 7.1: Maße und Gewichte außereuropäischer Geier (nach WEICK 1980 und DEL HOYO et al. 1994).

Gruppen- und Artzugehörigkeit	Länge (cm)	Flügelspanne (cm)	Körpermasse (g)
Abfallsammler:			
Kappengeier (*Necrosyrtes monachus*)	65–70	170–182	1500–2600
Solitärgeier:			
Kahlkopfgeier (*Sarcogyps calvus*)	76–84	220–23	3600–5400
Ohrengeier (*Torgos tracheliotus*)	105–115	ca. 280	5500–9500
Wollkopfgeier (*Trigonoceps occipitalis*)	76–85	ca. 230	3000–5300
Gyps-Arten:			
Schneegeier (*Gyps himalayensis*)	110–120	260–310	8000–12000
Kapgeier (*G. coprotheres*)	100–110	ca. 255	7000–11000
Sperbergeier (*G. rueppellii*)	90–101	ca. 240	6800–9000
Dünnschnabelgeier (*G. indicus*)	84–100	205–230	5500–6300
Bengalgeier (*G. bengalensis*)	80–93	205–220	4000–6000
Weissrückengeier (*G. africanus*	80–94	ca. 218	4150–7200
Sonderling:			
Palmgeier (*Gypohierax angolensis*)	56–62	ca. 150	1350–1800
Neuweltgeier:			
Andenkondor (*Vultur gryphus*)	100–120	bis 320	8000–13000
Kalifornienkondor (*Gymnogyps californianus*)	117–125	ca. 270	8000–14000
Königsgeier (*Sarcorhamphus papa*)	71–81	180–200	3000–3750
Truthahngeier (*Cathartes aura*)	64–81	180–200	850–2000
Kleiner Gelbschnabelgeier (*C. burrovianus)*	56–66	ca. 160	950–1550
Großer Gelbschnabelgeier (*C. melambrotus*)	74–81	-	ca. 1650
Rabengeier (*Coragyps atratus)*	56–68	135–150	1100–1900

8 Literaturverzeichnis

Vorbemerkung: Um ein wiederholtes Zitieren umfangreicher Titelangaben von Konferenzbänden und Periodika, die in größerem Umfang oder regelmäßig Beiträge über Geier enthalten, zu vermeiden, werden hierfür folgende Abkürzungen genutzt:

BVAR - Bearded Vulture Annual Report, Foundation for the Conservation of the Bearded Vulture. Frankfurt Zoolog. Soc. Veterinary Med. Univ. Vienna and WWF Austria.

BVCE - Tewes, E., J. J. Sanchez & M. Bijleveld van Lexmon (eds.) (1998): Black Vulture Conservation in Europe, Progress Report 1993–95. BVCF (Black Vulture Conservation Foundation).

CM - Chancellor, R. D. & B.-U. Meyburg (eds.) (2000): Raptors at Risk. WWGBP*/ Hancock House Surrey & Plaine.

CMF - Chancellor, R. D., B. U. Meyburg & J. J. Ferrero (eds.) (1998): Holarctic Birds of Prey. ADENEX (Association Para la Defensa de la Naturaleza y los Recursos de Extremadura), Mérida - WWGBP*.

EWYB - The Europe World Year Book 1997. London.

GBB - Gypaetus Barbatus Bulletin; Project Bearded Vulture, WWF/IUCN, Frankfurter Zool. Ges. Swiss Wildlife Information Service Zürich.

ISBV - Tewes,E., J. J. Sanchez, B. Heredia & M. Bijleveld van Lexmond (eds.) (1998): Proceedings of the International Symposium on the Black Vulture in South Eastern Europe and adjacent Regions, Dadia, Greece, 15–16 September 1993. BVCF (Black Vulture Conservation Foundation) & FZS (Frankfurt Zoological Society).

MC - Meyburg, B. U. & R. D. Chancellor (eds.) (1989): Raptors in the Modern World. WWGPB*.

MC - Meyburg, B. U. & R. D. Chancellor (eds.) (1994): Raptor Conservation Today. WWGBP*. The Pica Press: Berlin, London & Paris

RWAG - Rundbriefe der Weltarbeitsgruppe für Greifvögel und Eulen e.V. (WAG). Berlin, London, Paris.

WCBPO - Presentation on 5th World Conference on Birds of Prey and Owls, Midrand, Johannesburg, South Africa, 4–11 August 1998, Abstracts.

VBM - Wilbur, S. R. & J. A. Jackson (eds.) (1983): Vulture Biology and Management. University of California Press, Berkeley.

---

* World Working Group on Birds of Prey and Owls Berlin, London & Paris.

ANONYM (1984): Neues über die Gänsegeier-Wiedereinbürgerung in Süd-Frankreich. RWAG 1: 8–9.

ANONYM (1986): Gänsegeierwiedereinbürgerung in Süd-Frankreich. RWAG 3: 8.

ANONYM (1988): Wiederbesiedlung eines Bartgeier-Territoriums in den katalanischen Pyrenäen. CPPR-Information in GBB 10 (1988): 51.

ABULADZE, A. (1997): Status and conservation problems of raptors in Caucasia. RWAG 25/26: 15–19.

ABULADZE, A. & J. SHERGALIN (1998): New data on the status of the bearded vulture in Caucasia. BVAR: 56–60.

ACHA, A. (1998): Negative impact of wind generators on the Eurasian griffon *Gyps fulvus* in Tarifa, Spain. Vulture News 38: 10–18.

ADAM, A. & A. LLOPIS DELL (1994): Altersmerkmale und Mauserverlauf beim Bartgeier (*Gypaetus barbatus*). Dipl. Arbeit, Med. Vet. Univ. Wien.

ANDERSON, M. & R. A. NORBERG (1981): Evolution of reversed sexual dimorphism and role partioning among predatory birds, with a size scaling of flight performance. Biol. J. Linnean Soc. 15: 105–130.

ARROYO, B. (1994): Griffon vulture (*Gyps fulvus*). In: G. M. TUCKER & M. F. HEATH (eds.): BirdLife Conservation Series no. 3: 156–157.

BAGNOLINI, C. & E. TEWES (1998): Report on the releases of black vultures in France 1993–1995. BVCE: 30–34.

BAGNOLINI, C., C. BONNET, J. L. PINNA & M. TERRASSE (1988): Gänsegeierwiedereinbürgerung in Süd-Frankreich. RWAG 8: 10.

BANNERMAN, D. A. (1963): A history of the birds of the Canary Islands and of the Salvages. Edinburgh.

BARRAU, C., M. CLOUET & J.-L. GOAR (1997): Two fledgling bearded vultures (*Gypaetus barbatus meridionalis*) at one nest site at Mont du Balé in Ethopia. BVAR: 63.

BARTHEL, P. H. (1993): Artenliste der Vögel Deutschlands. J. Orn. 134: 113–135.

BAUMGART, W. (1974): Wie steht es um Europas Geier? Falke 21: 258–267, 300–308.

BAUMGART, W. (1979): Zur Signalfunktion von Gefiedermerkmalen bei Greifvögeln. Beitr. Vogelkd. 25: 209–246.

BAUMGART, W. (1981): Die Kadaver verwertenden Vögel zentralmongolischer Steppen. Falke 28: 366–371.

BAUMGART, W. (1989): Verbreitung und Existenzbedingungen von Gänse-, Kutten- und Bartgeier (*Gyps fulvus, Aegypius monachus, Gypaetus barbatus*) in Bulgarien in Vergangenheit und Gegenwart. Acta ornithoecol. 2: 15–38.

BAUMGART, W. (1990): Ein etwas ausgefalleneres Flugbild des Schlangenadlers. Falke 37: 21–23.

BAUMGART, W. (1991a): Zu Gast beim Bartgeierprojekt Rauris in Österreich. Falke 38: 394–403.

BAUMGART, W. (1991b): Über die Geier Bulgariens. A. Der Schmutzgeier (*Neophron percnopterus*). Beitr. Vogelkd. 37: 1–48.

BAUMGART, W. (1993a): Der Beitrag der Greifvogelforschung zur Formierung der funktionellen Arttheorie. Greifvögel und Falknerei 1992. 94–101.

BAUMGART, W. (1993b): Mallorca - Experimentierfeld des europäischen Kuttengeier-Managements. Falke 40: 366–373.

BAUMGART, W. (1994): Lebensformen des Schmutzgeiers (*Neophron percnopterus*) unter limitierten Existenzbedingungen in Südosteuropa. Greifvögel und Falknerei 1993: 85–90.
BAUMGART, W. (1995): Neue gesetzliche Regelungen zum Greifvogelschutz in Syrien. RWAG 21./22: 9–10.
BAUMGART, W. (1997a): Der adaptive Charakter morphologischer Merkmale bei Greifvögeln und ihre taxonomische Relevanz. Greifvögel und Falknerei 1995: 54–69.
BAUMGART, W. (1997b): Probleme und derzeitiger Stand des Kalifornien-Kondor-Projektes (Frühjahr 1997). RWAG 25/26: 13–18. Nachdruck: Problems and present situation of the Californian-condor project (Spring 1997). BVAR: 66–70.
BAUMGART, W. (1998): Leistungsdifferenzierungen bei Greifvögeln und ihre Bedeutung für artliche Existenz und Artbildung (Aves: Falconiformes). Zool. Abh. Mus. Tierkd. Dresden 50, Suppl.: 125–137.
BAUMGART, W. (2000): The ecofunctional positions of Palearctic vultures. CM: 239–243.
BAUMGART, W. & W. FISCHER (1978): Ornithologische Ergebnisse einer frühherbstlichen Exkursion nach Teberda im Nordwest-Kaukasus (11. 23.9.1973). Faun. Abh. Staatl. Mus. Tierkd. Dresden 7: 7–17.
BAUMGART, W. & P. BAUMGART (1995): Unter Sperlingen und Geiern - Kreta im Frühling. Falke 42: 13–21.
BAUMGART, W., KASPAREK, M. & STEPHAN, B. (1995b): Die Vögel Syriens: Eine Übersicht. Heidelberg.
BAUMGARTNER, H. (1988): Bartgeier und Adler: Rückeroberung. PANDA/WWF Schweiz I/1988.
BERG, B. (1931): Der Lämmergeier im Himalaja. Berlin.
BERNIS, F. (1980): La migración de las aves en el estrecho de Gibraltar. Vol. I. Aves planeadoras. Madrid.
BERNIS, F. (1983): Migration of the common griffon vulture in the western Palearctic. VBM: 185–196.
BERTHOLD, P. (1967): Über Haftfarben bei Vögeln: Rostfärbung durch Eisenoxid beim Bartgeier und anderen Arten. Zool. Jb. Syst. 93: 507–595.
BEZZEL, E. (1985): Kompendium der Vögel Mitteleuropas, Nonpasseriformes-Nichtsingvögel. Wiesbaden.
BEZZEL, E. & R. PRINZINGER (1990): Ornithologie. Stuttgart (2. Aufl.)
BIBIKOW, D. I. (1988): Der Wolf. NBB 587. Wittenberg Lutherstadt.
BIJLEVELD, M. (1974): Birds of Prey in Europe. London.
BIJLEVELD VAN LEXMOND, M. (1998): Foreword. BVAR: 1.
BONNET, H. (1952): Reallexikon der ägyptischen Religionsgeschichte. Berlin.
BRACHETKA, J. (1965): Versuche einer Auswertung von über 8500 Angaben über Krankheits- und Todesursachen im Schönbrunner Tiergarten. Zool. Garten 31: 59–87.
BRODKORB, P. (1955): Number of feathers and weight of various systems in a bald eagle. Wilson Bull. 67: 142.
BROWN, C. J. (1988): A study of the bearded vulture *Gypaetus barbatus* in southern Africa. Ph. D. Thesis. University of Natal, Pietermaritzburg.
BROWN, C. J. & I. PLUG (1990): Food choice and diet of the bearded vulture (*Gypaetus barbatus*) in southern Africa. S. Afr. J. Zool. 25: 169–177.

BROWN, L. (1971): Birds of Prey of Africa. London.
BROWN, L. (1979): Die Greifvögel. Hamburg und Berlin.
BROWN, L. & D. AMADON (1968): Eagles, Hawks and Falcons of the World. Feltham.
BUCHLI, C. (1987): Kurzbericht über die Eignung vorgesehener Standorte für die Bartgeier-Wiederansiedlung im Nationalpark Berchtesgaden. FORNAT, Infodienst Wildbiologie Zürich.
CIOCHIA, V. A. NEGRUTIU & M PETRESCUS (1998): The black vulture (*Aegypius monachus* L.) in Romania. ISBV: 51–58.
CONGOST, J. & J. MUNTANER (1974): Presencia otonal e invernal y concentración de *Neophron percnopterus* en la Isla de Menorca. Misc. Zool. 3: 1–11.
COSSON, F. (1985): Some recent Data of the raptors of Rhodes (Greece). Bull. W. W. G. Birds of Prey No. 2: 57–60.
COTON, C. (1994): Monitoring in the bearded vulture project in the Alps. GBB 15: 15–19.
CRAMP, S. & K. E. L. SIMMONS (1980): Handbook of the Birds of Europe, the Middle East and North Africa. Vol. II, Hawks to Bustards. Oxford.
DE JUANA, E. & F. DE JUANA (1984): Distribución y abundancia del buitre negro (*Aegypius monachus*) en relación con sus recursos troficos en la Peninsula Iberica. Rapiyaires Mediterranis II: 45–52.
DEL HOYO, J., A. ELLIOT & J. SARGATAL (eds.) (1994): Handbook of the Birds of the World, Vol. 2 New World Vultures to Guineafowl. Barcelona.
DENTESANI, B., F. GENERO & F. PERCO (1989): Il Grifone Sulle Alpi. Udine.
DEMENTIEV, G. P. In: G. P. DEMENTIEV & N. A. GLADKOW (1951): Die Vögel der Sowjetunion. Bd. 1, Moskau (Russ.).
DOMBROWSKI, R. (1912): Ornis Romaniae. Bukarest.
DONANA (1999): Seminario sobre el uso ilegal de Veneno. Parque National Huelva.
DONAZAR, J. A. (1993): Los Buitres Ibéricos. Madrid.
DONAZAR, J. A. (1994): Egyptian Vulture (N*eophron percnopterus*). In: G. M. TUCKER & M. F. HEATH (1994): BirdLife Conservation Series no. 3: 154–155.
ELOSEGI, I. (1989): Vautour fauve (*Gyps fulvus*), Gypaète barbu (*Gypaetus barbatus*), Percnoptère d´Egypte (*Neophron percnopterus*): Synthèse bibliographique et recherches. Acta Biol. Mont. (Sèrie documents de travail) 3: 1–278.
ENGELMANN, F. (1928): Die Raubvögel Europas. Neudamm.
FASCE, P. (1983): Observation on breeding biology of bearded vultures (*Gypaetus barbatus*) in Corsica. GBB 5: 7–8.
FASCE, P. (1998): Reproduction of the Corsic bearded vulture population from 1976 to 1998. BVAR: 42.
FASCE, P., L. FASCE & J. TORRE (1989): Census and observation on the biology of the bearded vulture *Gypaetus barbatus* on the island of Corsica. MC: 335–339.
FASCE, P., L. FASCE & J. TORRE (1994): Bearded vulture in Corsica. BVAR: 48.
FERNANDEZ, J. A. (1975): Considerationes sobre el regimen alimenticio de *Gyps fulvus*. Ardeola 209–217.
FERNANDEZ, C., P. AZKONA & J. A. DONAZAR (1998): Density-dependent effects on productivity in the griffon Vulture *Gyps fulvus*: the role of interference and habitat heterogeneity. Ibis 140: 64–69.
FISCHER, A. B. (1969): Laboruntersuchungen und Freilanduntersuchungen zum Sehvermögen und Verhalten von Altweltgeiern. Zool. Jb. Syst. 96: 81–132.

FISCHER, W. (1974): Die Geier. NBB 311. Wittenberg Lutherstadt (2. Aufl.).
FORSMAN, D. (1999): The Raptors of Europe and the Middle East. London.
FREY, H. (1986): Pilotstudie zur Verwilderung von Bartgeiern, Rauris 1986. GBB 8: 12–18.
FREY, H. (1988): Bartgeier-Freilassung Rauris 1988. GBB 10: 3–8.
FREY, H. (1994): The Situation of the bearded vulture (*Gypaetus barbatus*) in the Mediterranean countries. BVAR: 54–61.
FREY, H. (1995): Reproduction in 1995. BVAR: 3–12.
FREY, H. (1997): Report on release in 1997. BVAR: 16–20.
FREY, H. (1998): Bearded vultures released in the period 1986 to 1998. BVAR: 15–19.
FREY, H. (1999): Das internationale Bartgeier-Wiedereinbürgerungsprojekt: Erwartungen, Ergebnisse und Perspektiven. RWAG 27/28: 20–24.
FREY, H. & W. WALTER (1981): Für und Wider der Wiedereinbürgerung von Geiern in den Alpen. In: H. ELLENBERG (Hrsg.): Greifvögel und Pestizide. Ökol. Vögel 3 (Sonderheft): 341–347.
FREY, H. & W. WALTER (1982): Untersuchungen über das Freßverhalten des Bartgeiers. GBB 2: 11.
FREY, H. & W. WALTER (1988): Auswahl zukünftiger Freilassungsstandorte. GBB 10: 21–39.
FREY, H. & M. BIJLEVELD VAN LEXMOND (1994): The reintroduction of the bearded vulture, *Gypaetus barbatus aureus* into the Alps. MC: 459–464.
FREY, H. & N. ROTH-CALLIES (1994): Zur Genese der Haftfarbe (Rostfärbung durch Eisenoxid beim Bartgeier, *Gypaetus barbatus*. Egretta 37: 1–22.
FREY, H., O. KNOTZINGER & A. LLOPIS DEL (1995): The breeding network - an analysis of the period 1978 to 1995. BVAR: 13–38.
FREY, H. & A. LLOPIS (1998): Situacion actual del proyecto de reintroduccion del Quebrantahuesos *Gypaetus barbatus* en los Alpes. CMF: 395–403.
GALAN, R., A. J. DE ANDRES & C. SEGOVIA (1998): Effects of forest fires (1984–92) on the cinereous vulture *Aegypius monachus* reproduction in Sierra Pelada (Huelva, SW Spain). CMF: 231–238.
GAMAUF, A. (1991): Greifvögel in Österreich. Monographie Bd. 29, Umweltbundesamt Wien.
GARDINER, A. (1957): Egyptian Grammar. London.
GARZON, J. (1974): Contribución al estudio del status, alimentación y protección de los Falconiformes en España Central. Ardeola 19: 279–330.
GATTIKER, E. & L. GATTIKER (1989): Die Vögel im Volksglauben. Wiesbaden.
GEJLIKMAN, B. O. (1959): Ökologie einiger Greifvögel im Chrosrowsker Wald. Akad. Nauk. Armjanskoj. SSR, Zool. Sborn. 11, *Aegypius monachus* S. 8–22 (Russ.).
GENSBØL, B. & W. THIEDE (1997): Greifvögel. München, Wien, Zürich (3. Aufl.).
GÉROUDET, P. (1974): Premiers pas vers la réintroduction du Gypaète barbu dans les Alpes. Nos Oiseaux 32: 300–310.
GLUTZ VON BLOTZHEIM, U. N., K. M. BAUER & E. BEZZEL (Hrsg.) (1971): Handbuch der Vögel Mitteleuropas, Bd. 4, *Falconiformes*. Frankfurt a. M.
GONZALES, L. M. (1994): Cinereous vulture (*Aegypius monachus*). In: G. M. TUCKER & M. F. HEATH (1994): BirdLife Conservation Series no. 3: 158–159.
GRIESINGER, J. (1993): Radiotelemetrische Untersuchungen an jungen Gänsegeiern (*Gyps fulvus*) in den spanischen Pyrenäen. J. Orn. 134: 233–234.

GRIESINGER, J. (1998): Juvenile dispersion an migration among griffon vultures *Gyps fulvus* in Spain. CMF: 613–621.

GROSSMAN, M. L., J. HAMLET & S. GROSSMAN (1964): Birds of Prey of the World. New York.

GRUBAČ, R. B. (1991): Status and biology of the bearded vulture *Gypaetus barbatus aureus* in Macedonia. Birds of Prey Bull. 4: 101–117.

GRUBAČ, B. R. (1994): Past and present status, reasons for disappearence, conservation measures and possibilitiy of reintroduction of the bearded vulture in S. R. Yugoslavia. GBB 15: 41–43.

GRUBAČ, R. B. (1998a): Population status and conservation of the black vulture (*Aegypius monachus*) in the former Yugoslavian Republic of Macedonia (FYR Macedonia). ISBV: 63–68.

GRUBAČ, R. B. (1998b): Population status and conservation of the black vulture in Yugoslavia. ISBV: 69–72.

GUZMAN, J. & J. JIMEZ (1998): Alimentación del buitre negro *Aegypius monachus* durante los periodos repruductor y post-reproductor en el Parque Nacional de Cabañeros. CMF: 215–221.

HALLER, H. (1983): Die Thermikabhängigkeit des Bartgeiers *Gypaetus barbatus* als mögliche Mitursache für sein Aussterben in den Alpen. Orn. Beob. 80: 263–272.

HALLMANN, B. (1985): Status and connservation problems of birds of prey in Greece. ICBP Techn. Publ. No. 5: 55–59.

HALLMANN, B. (1998): The black vultures of Greece. ISBV: 27–32.

HANDRINOS, G. I. (1985): The status of vultures in Greece. ICBP Techn. Publ. No. 5: 103–115.

HANDRINOS, G. I. (1998): Conservation of the bearded vulture (*Gypaetus barbatus*) in Greece. BVAR: 53–55.

HARTERT, E. (1912/21): Die Vögel der paläarktischen Fauna. Berlin.

HEDIN, S. (1909): Transhimalaya I. Leipzig.

HEINROTH, O. & M. HEINROTH (1927): Die Vögel Mitteleuropas (Bd. 2). Berlin.

HEREDIA, R. (1986): Bartgeier Schutz- und Wiederansiedlungsprojekt in den spanischen Pyrenäen. GBB 8: 34–39.

HEREDIA, R. (1998): Bearded vultures (*Gypaetus barbatus*) in the Spanish Pyrenees in 1998, parameters and reproductive results. BVAR: 43–45.

HEREDIA, R. & B. HEREDIA (1991): El Quebrantahuesos (*Gypaetus barbatus*) en los Pirineos. Madrid.

HEREDIA, R. & B. HEREDIA (1994): Lammergeier (*Gypaetus barbatus*). In: G. M. TUCKER & M. F. HEATH (1994): BirdLife Conservation Series no. 3: 152–153.

HEREDIA, R. & M. RAZIN (1998): Distribution, breeding parameters and conservation of the bearded vulture in the Pyrenees between 1985 and 1998. BVAR: 46–52.

HEREDIA, B., M. YARAR & S. J. PARR (1998): The black vulture (*Aegypius monachus*) in western Turkey: a preliminary assesment. ISBV: 73–75.

HERNANDEZ, M (1999): Mortalidad por venenos en las especies del catalogo national de especies amenazadas. Doñana, Seminario sobre el uso ilegal de Veneno 1–2 Junio 1999, Contribuciones: 5–13.

HEURET, J. & A. ROUILLON (1997): The first successful reproduction in the wild as a result of the alpine bearded vulture reintroduction programme. BVAR: 29–39.

HIEBL, I., R. E. WEBER, D. SCHNEEGANSS, J. KOSTERS & G. BRAUNITZER (1988): Structural adaptations in the major and minor hemoglobin components of adult Rüppell´s griffon (*Gyps ruepellii, Aegypiinae*): a new molecular pattern for hypoxic tolerance. Biol. Chem. Hoppe-Seyler 369: 217–232.
HIRALDO, F. (1974): Colonias de cria y censo de los buitres negros (*Aegypius monachus*) en Espana. Naturalia Hispanica 2.
HIRALDO, F. (1976): Diet of the black vulture (*Aegypius monachus*) in the Iberian Peninsula. Doñana, Acta Vertebr. 3: 19–31.
HIRALDO, F. (1977): El buitre negro (*Aegypius monachus*) en la Peninsula Iberica. Tesis Doctoral. Universidad de Sevilla.
HIRALDO, F. (1983): Breeding biology of the cinereous vulture. VBM: 197–216.
HIRALDO, F., M. DELIBES & J. CALDERON (1979): El Quebrantahuesos *Gypaetus barbatus* (L.) Monografias 22. Madrid.
HOPF, L. (1888): Thierorakel und Orakelthiere. Stuttgart.
HOUSTON, D. C. (1973): The Ecology of Serengeti Vultures. D. Phil. Diss. Oxford University.
HOUSTON, D. C. (1975): The moult of the white-backed and Rüppell`s griffon vulture *Gyps africanus* and *G. rueppellii*. Ibis 117: 474–408.
HOUSTON, D. C. (1976): Breeding of the white-backed and Rüppell´s griffon vultures, *Gyps africanus* and *G. rueppellii*. Ibis 118: 14–19.
HOUSTON, D. C. (1978): The effect of food quality on breeding strategy in griffon vultures (*Gyps* spp.). J. Zool. 186: 175–184.
HOUSTON, D. C. (1979): The adaptions of scavengers. In: SINCLAIR, A. R. E. & M. NORTON-GRIFFITHS (eds.): Serengeti: Dynamics of an Ecosystem. Chicago University Press: 263–286.
HOUSTON, D. C. (1988): Digestive efficiency and hunting behaviour in cats, dogs and vultures. J. Zool., London 216: 603–605.
HOUSTON, D. C. (1989): Factors influencing the timing of breeding in African vultures. MC: 203–210.
HOUSTON, D. C. & J. E. COOPER (1975): The digestive tract of the whiteback griffon vulture and its role in disease transmission among wild ungulates. J. Wildl. Diseases 11: 306–313.
HOUSTON, D. C. & J. COPSEY (1994): Bone digestion in the bearded vulture. GBB 15: 20–21.
HUDEC, K. & W. ČERNÝ (1977): Fauna CSSR; Ptaci - Aves, Bd. 2. Praha.
HUMMEL, D. (1983): Wieder ein Bartgeier (*Gypaetus barbatus*) in den österreichischen Alpen. Bull. WWGBP No. 2: 99–10.
JACOBI, R. (1957): Die letzten rumänischen Bartgeier. Falke 4: 53–55.
JENNY, D. (1998): Bearded vulture monitoring in Switzerland: final report 1998. BVAR: 30–36.
JONS, V. (1968): Ägyptische Mythologie. Wiesbaden.
KASPAREK, M. (1992): Die Vögel der Türkei. Heidelberg.
KELLER, O. (1913): Antike Tierwelt, Bd. 2. Leipzig.
KLEMM, W. & S. KOHL (1988): Die Ornis Siebenbürgens. Köln, Wien.
KÖNIG, C. (1974): Zum Verhalten spanischer Geier an Kadavern. J. Orn. 115: 289–320.

KÖNIG, C. (1976): Inter- und intraspezifische Nahrungskonkurrenz bei Altweltgeiern (Aegypiinae). J. Orn. 117: 297–316.

KÖNIG, C. (1983): Interspecific and intraspecific competition for food among Old World vultures. VBM: 214–241.

KORSHUNOV, E. & E. KORSHUNOVA (1985): Breeding of the black vulture in the Nurata Mountains. Bull. WWGBP No. 2: 30–31.

KRUUK, H. (1967): Competition for food between vultures in East Afrika. Ardea 55: 171–193.

LACK, D. (1968): Ecological Adaptations for Breeding in Birds. London.

LAWICK-GOODALL, J VAN. & H. VAN LAWICK-GOODALL (1966): Use of tools by the Egyptian vulture, *Neophron percnopterus*. Nature 212: 1468–1469.

LECONTE, M. (1977): Étude de la reproduction du vautour fauve dans les Pyrénées occidentales. Le Courbageot 4: 8–19.

LECONTE, M. & J. SOM (1996): La reproduction du vautour fauve *Gyps fulvus* dans les Pyrénées occidentales: Historique d`une restauration d`effectifs et paramètres reproducteurs. Alauda 64: 135–148.

LEVY, N. (1990): Biology, Population Dynamics and Ecology of the Egyptian Vultures, *Neophron percnopterus*, in Israel. Ms. Sc. Thesis, Tel-Aviv University.

LEVY, N. & H. MENDELSSOHN (1990): Egyptian vultures: feeding behavior. Israel Land and Nature 14: 126–131.

LIBERATORI, F., P. CORTONE, A. SIGISMONDI & ALLAVENA (1998) : The Egyptian vulture *Neophron percnopterus* in peninsular Italy: 1986–1997. Poster acc. to CIPR-Rep. on Vth Wold Conf. on Birds of Prey and Owls, Midrand, Johannesburg, ZA 4–11 Aug. 1998.

LLOPIS DELL, A. (1996): Untersuchungen zur Ernährung freigesetzter Bartgeier (*Gypaetus barbatus*). Diss. Vet. Med. Univ. Wien.

LOUWMAN, J. (1998): Observation on a bearded vulture in the Netherlands. BVAR: 37–39.

LÜCKER, L. (1999): Wiederansiedlung, Verhalten und erste Freilandbruten des Bartgeiers, *Gypaetus barbatus* in den Alpen. Limicola 13: 49–72.

MARGALIDA, A., D. GARCIA & J. BERTRAN (1997): A possible case of polyandrous quartet in the bearded vulture (*Gypaetus barbatus*). BVAR: 64.

MAKATSCH, W. (1974): Die Eier der Vögel Europas (Band 1). Radebeul.

MARIN, S. A., A. B. ROGEV, I. M. CHRISTOV & M. S. SAROV (1998): New observations and nesting of the black vulture (*Aegypius monachus* L., 1766) in Bulgaria. ISBV: 47–50.

MARINKOVIĆ, S, G. SUŠIĆ, B. GRUBAČ, J. P. ŠOTI & N. SIMONOV (1985): The Griffon vulture in Yugoslavia. ICBP Techn. Publ. No. 5: 131–135.

MARINKOVIĆ, S. & L. OLANDIC (1994): Status of the griffon vulture *Gyps fulvus* in Serbia. MC: 163–172.

MATVEJEV, S. & V. VASIC (1973): Catalogus faunae Jugoslaviae 4/3 Aves. Ljubljana.

MAYR, E. (1998): Das ist Biologie. Heidelberg & Berlin.

MEBS, T. (1994): Greifvögel Europas. Stuttgart.

MENDELSSOHN, H. & Y. LESHEM (1983a): The Status and conservation of vultures in Israel. VBM: 86–98.

MENDELSSOHN, H. & Y LESHEM (1983b): Observation on reproduction and growth on Old World vultures. VBM: 214–241.

MEYBURG, B. U. & C. MEYBURG (1983): Distribution and present status of the black vulture *Aegypius monachus*. ICBP Bulletin No. 1: 172–173.

MEYBURG, B. U. & C. MEYBURG (1987):Present status of diurnal birds of prey (Falconiformes) in various countries bordering the Mediterranean. In: N. BACCETTI & M. SPAGNESI: Rapaci Mediterranei. Bologna: 147–152.

MILTSCHEW B. (1996): Wiederherstellung eines Horstes des Schmutzgeiers. Orn. Mitt. 48: 124–126.

MINGOZZI, T & R. ESTEVE (1996) Analysis of an historical extirpation of the bearded vulture *Gypaetus barbatus* (L.) in the western Alps (France-Italy): former distribution and causes of extirpation. BVAR: 88.

MONTEIRO, A. & P. ROCHA (1998): Report on the black vulture (*Aegypius monachus*) in Portugal. BVCE 67–80.

MÜLLER, J. P. (1988): Der Bartgeier. Disentis.

MUNDY, P., D. BUTCHART, J. LEDGER & S. PIPER (1992): The Vultures of Africa. London.

NAUMANN, J. F. & C. HENNICKE (1905): Naturgeschichte der Vögel Mitteleuropas, Bd. 5. Gera-Untermhaus.

NEWTON, I. (1979): Population Ecology of Raptors. Calton.

NIETHAMMER, J. (1967): Zwei Jahre Vogelbeobachtungen an stehenden Gewässern bei Kabul in Afghanistan. J. Orn. 108: 119–164.

ORTLIEB, R. (1998): Der Schwarzmilan. NBB 100. Hohenwarsleben.

PACHLATKO, T. & H. BAUMGARTNER (1991): Der Bartgeier kehrt zurück. WWF Schweiz, Zürich.

PALMA, L. (1985): The present situation of birds of prey in Portugal. ICBP Technical Publication No. 5: 3–14.

PENNYCUICK, C. J. (1975): Mechanics of flight. In: FARNER, P. S. & J. R. KING (eds.): Avian Biology 5: 1–75. New York.

PENNYCUICK, C. J. (1983): Effective nest density of Ruppell´s griffon vulture in the Serengeti-rift valley area of northern Tanzania. VBM: 172–184.

PERCO, F. & F. GENERO (1988): First steps of a project for the conservation and increase of griffon vulture (*Gyps fulvus*) in Italian eastern alps. GBB 10: 58–63.

PERCO, F., S. TOSO, G. SUŠIC & M. APOLONIO (1981/83): Initial data for a study on the status, distribution and ecology of the griffon vulture (*Gyps fulvus fulvus* Hablizl, 1783) in the Kvarner archipelago. Larus 33–35: 99–134.

PEREA, J. L., M. MORALES & J. VELASCO (1991): El alimoche (*Neophron percnopterus*) en España. Madrid.

POIRAZIDIS, K., T. SKARTSIS, K. PISTOLAS & P. BABAKAS (1998): Greek black vulture population report for the period 1993–1995. BVCE: 35–43.

PRINZINGER, R. (1997): Energetik der Carduelinen (Fringilliden) In: U. N. GLUTZ VON BLOTZHEIM & K. M. BAUER (1997): Handbuch der Vögel Mitteleuropas, Bd. 14/II, Passeriformes (5. Teil): 536– 543.

PRINZINGER, R., B. NAGEL, O. BAHAT, R. BOEGEL & C. WALZER (1997): Energiehaushalt beim Gänsegeier *Gyps fulvus*. Poster, 130. Jahresversammlung der DO-G in Neubrandenburg, J. Orn. 139: 230–231.

RADO, S (1962): Welthandbuch. Budapest.
RAMIS, M. R. & J. J. SANCHES (1998): International campaign against the illegal use of poison in the northern Mediterranean: general guidelines. Direccion BVCF Lloseta.
RAMOS, C., M. ROIG & J. J. SANCHES (o. J.): Informe sobre casos de intoxicaciones en clinicas veterinarias de Mallorca. Direccion BVCF, Lloseta.
RAZIN, M. (1997): Some observations of bearded vultures (*Gypaetus barbatus*) in Morocco. BVAR: 53–54.
RAZIN, M. (1998): Status of the bearded vulture (*Gypaetus barbatus*) in the French Pyrenees in 1998. BVAR: 43.
REMMERT, H. (1992): Ökologie. Berlin.
RINGLEBEN, H. (1985): Das Vorkommen des Schmutzgeiers in Deutschland. Deutscher Falkenorden 1985: 39–41.
ROTH-CALLIES, N. (1994) Observation on pair formation and reproductive behaviour in reintroducted bearded vultures in Rauris (Salzburg, Austria). BVAR: 47.
SÁNCHEZ, J. J. (1998): The recovery of the black vulture (*Aegypius monachus*) in Spain. ISBV: 89–99.
SARRAZIN, F. (1998): Modelling establishment of a reintroduced population of griffon vultures *Gyps fulvus* in southern France. CMF: 405–416.
SCHÄFER, E. (1938): Ornithologische Forschungsergebnisse zweier Forschungsreisen nach Tibet. J. Orn. 86, Sonderheft.
SCHENK, M., M. ARESU, A. FOZZI & N. MARRAS (1995): Annotated checklist of Sardinian birds of brey, 1900–1994. BVAR: 51
SCHNEIDER, B. & E. BAUERNFEIND (1999): Kronprinz Rudolf von Österreich: Sein Briefwechsel mit Dr. G. A. GIRTANNER. Wien.
SCHÜZ, E. (1955): Der Weißkopfgeier (*Gyps fulvus*), einst Brutvogel der Schwäbischen Alb. Vogelwarte 18: 67–70.
SCHÜZ, E. & C. KÖNIG (1973): Geier und Mensch mit Deutung archäologischer Funde in Kleinasien. Bonn. Zool. Beitr. 24. 192–203.
SCOTT, A. & M. ANDERSON (o. J.): Vulture restaurants. SASOL-Broschüre.
SEIBOLD, I. (1994): Untersuchungen zur molekularen Phylogenie der Greifvögel anhand von DNA-Sequenzen des mitochondriellen Cytochrom b-Gens. Dissertation, Universität Heidelberg.
SEIBOLD, I. & A. J. HELBIG (1995): Evolutionary history of New and Old World vultures inferred from nucleotide sequences of the mitochondrial cytochrome b gene. Phil. Trans Roy. Soc. London B 350: 163–178.
SHHERBAKA, M. M. (1994) (ed.): Red Data Book of Ukraine, Animal Kingdom. Kiev.
SPYROPOULOU,S. (1998): Black vulture conservation in the Dadia forest reserve - actions taken up to 1992. ISBV: 33–38.
STEPHAN, B. (1970): Eutaxie, Diastataxie und andere Probleme der Befiederung des Vogelflügels. Mitt. Zool. Mus Berlin 46: 339–437.
STEPHAN, B. (1992): Vorkommen und Ausbildung der Fingerkrallen bei rezenten Vögeln. J. Orn. 133: 251–277.
STEMMLER, C. (1932): Die Adler der Schweiz. Zürich.
STREHLOW, H. (1990): Die Zucht von Geiern in den Zoologischen Gärten. Tiergarten Aktuell. 6/2: 10–19.

STRESEMANN, E. & V. STRESEMANN (1966): Die Mauser der Vögel. J. Orn. 107, Sonderheft.
SUETENS, W. (1989): Les Rapaces d'Europe. Alleur-Liège.
SUETENS, W. & P. VAN GROENENDAEL (1967): La nidification du vautour moine, *Aegypius monachus* L. Gerfaut 57: 91–118.
SUETENS, W. & P. VAN GROENENDAEL (1974): Notes on the ecology and ethology of the Lammergeier. Gerfaut 62: 203–214.
SUŠIC, G. (1998): History of the black vulture (*Aegypius monachus*) and its possible reintroduction in Croatia. ISBV: 59–62.
SUSIC, G. (2000): Regular long-distance migration of Eurasian griffon *Gyps fulvus*. CM: 225–230.
TERRASSE, J. F. & M. TERRASSE (1974): Comportement de quelques rapaces nécrophages dans les Pyrénées. Nos Oiseaux 32: 289–299.
TERRASSE, M. (1989): Reintroduction du vautour fauve dans les Grands Causses. GBB 11: 46–54.
TERRASSE, M., C BAGNOLINI, J. BONNET, J. L. PINNA & F. SARRAZIN (1994): Reintroduction of the griffon vulture *Gyps fulvus* in the Massif Cetral, France. MC: 479–491.
TERRASSE, M & C. BAGNOLINI (1998): The return of the black vulture to France (Reintroduction of the black vulture in southern Massif-Central-France). ISBV: 81–87.
TEWES, E. (1995): Situation of the European black vulture *Aegypius monachus* and the Eurasian griffon vulture *Gyps fulvus* in the Mediterranean. In: J. MUNTANER & J. MAYOL (eds.): Biologia y Conservación de Rapaces Mediterraneas, Monografias, Nr. 4, SEO, Madrid.
TEWES, E. (1996): The European Black Vulture (*Aegypius monachus* L.), Management Techniques and Habitat Requirements. Ph. Diss. Univ. Vienna.
TEWES, E. (1998a): The black vulture conservation programme: a species conservation strategy in Europe. ISBV: 101–112.
TEWES, E. (1998b): Release and monitoring methods of the black vulture conservation foundation. BVCE: 81–88.
TEWES, E., M. TERRASSE, C. BAGNOLINI & J. J. SANCHEZ (1998a): Captive breeding of the European black vulture *Aegypius monachus* and the reintroduction project in France. CMF: 417–435.
TEWES, E., J. J SANCHEZ & J. MAYOL (1998b): The conservation project in Mallorca. BVCE: 24–29.
THALER, E. (1981): Der Bartgeier (Gypaetus barbatus) im Alpenzoo Insbruck: Methoden zur Verbesserung des Zuchterfolges. Nationalpark Berchtesgaden, Forschungsberichte 3: 45–46.
THALER, E. & H. PECHLANER (1979): Volierenbrut und Handaufzucht beim Bartgeier (*Gypaetus barbatus aureus*): Beobachtungen aus dem Alpenzoo Innsbruck. Gefiederte Welt 103: 21–25.
THALER, E. & H. PECHLANER (1980): Cainism in the lammergeier or bearded vulture *Gypaetus barbatus* at Innsbruck Alpenzoo. Int. Zoo Yearbook 20: 278–281.
THALER, E., S. MASCHLER & V. STEINKELLNER (1986): Vergleichende Studien zur Postembryonalentwicklung dreier Altweltgeier. Ann. Nathist. Mus. Wien 88/89 B.: 361–376.

THIBAULT, J. C, J. D. VIGNE & J. TORRE (1993): The diet of young lammergeiers (*Gypaetus barbatus*) in Corsica: its dependence on extensive grazing. Ibis 135: 42–48.

TUCKER, G. M. & M. F. HEATH (1994): Birds in Europe: Their Conservation Status (BirdLife Conservation Series no. 3). Cambridge, U.K.

URCUN, J. P. & J. BRIED (1998): The autumn migration of raptors through the Pyrenees. CMF: 655–680.

VALVERDE, J. A. (1959): Moyens d´expression et hiérarchie sociale chez le vautour fauve *Gyps fulvus* (Hablizl). Alauda 27: 1–15.

VALVERDE, J. A. (1966): Sobre buitres negros en Andalucia. Ardeola 12: 101–115.

VASIC, V., B. GRUBAČ, G. SUŠIC & S. MARINKOVIC (1985): The status of birds of prey in Yugoslavia, with particular reference to Macedonia. ICBP Techn. Publ. No. 5. 45–53.

VERDOON, G. H. (1998): The epic of Pharaoh's chicken in South Africa. Endangered Wildlife 29: 4–9.

VLACHOS,C. G., N. K. PAPAGEORGIOU & D. E. BAKALOUDIS (1998): Effects of the feeding station establishment on the Egyptian vulture *Neophron percnopterus* in Dadia forest, north eastern Greece. CMF: 197–207.

VOOUS, K. H. (1962): Die Vogelwelt Europas und ihre Verbreitung. Hamburg und Berlin.

WALLACE, M. P. & S. A. TEMPLE (1987): Competitive interactions within and between species in a guild of avian scavengers. Auk 104: 290–295.

WALTER, W. (1981): Der Gänsegeier in den österreichischen Alpen. Nationalpark Berchtesgaden, Forschungsberichte 3/1981.

WEICK, F. (1980): Die Greifvögel der Welt. Hamburg & Berlin.

WEINZETTL, M, (1998): Integration of released bearded vultures at the reintroduction site of Rauris (Austria). BVAR: 81–87.

WINK, M., I. SEIBOLD, F. LOTFIKHAH & W. BEDNAREK (1998): Molecular systematics of holarctic raptors (order Falconiformes). CMF (1998): 29–48.

WINTER, E. & U. WINTER (1995): The vulture in ancient Egypt. BVAR: 61–67.

YOSEF, R. & D. ALON (1997): Do immature Palearctic Egyptian Vultures *Neophron percnopterus* remain in Africa during the northern Summer? Vogelwelt 118: 285–289.

XIROUCHKIS, S. M. & G. GIANNATOS (1997): Preliminary results on the status of the bearded vulture (*Gypaetus barbatus*) in Crete. BVAR: 50–53.

ZINK,R. (1999a): Neues von den Bartgeiern in Österreich. Der Bartgeier, Monitoring-News 1/1: 2–3.

ZINK,R. (1999b): Fütterungen eine Gefahr? Der Bartgeier, Monitoring-News 1/1: 6.

9 Register